中华优秀家文化

刘良业　马晓娟　主　编
王建君　霍贵高　副主编

河北大学出版社
·保定·

ZHONGHUA YOUXIU JIA WENHUA

中华优秀家文化

选题策划：杨显硕
责任编辑：王红梅
装帧设计：张彦琪
责任校对：袁慧敏
责任印制：常　凯

图书在版编目（CIP）数据

中华优秀家文化 / 刘良业，马晓娟主编．-- 保定：河北大学出版社，2020.1（2024.11 重印）
ISBN 978-7-5666-1618-0

Ⅰ．①中… Ⅱ．①刘… ②马… Ⅲ．①家庭道德－中国 Ⅳ．①B823.1

中国版本图书馆 CIP 数据核字（2020）第 009166 号

出版发行：河北大学出版社
地址：河北省保定市七一东路 2666 号　邮编：071000
电话：0312-5073033　0312-5073029
邮箱：hbdxcbs818@163.com　网址：www.hbdxcbs.com
经　　销：全国新华书店
印　　刷：涿州市般润文化传播有限公司
幅面尺寸：170 mm × 240 mm
印　　张：15.75
字　　数：200 千字
版　　次：2020 年 1 月第 1 版
印　　次：2024 年 11 月第 2 次印刷
书　　号：ISBN 978-7-5666-1618-0
定　　价：60.00 元

序

少小时常听人说，“富贵不过三代”，当时我还不懂得这句话的深刻含义，也没有当一回事。随着年龄的增长，阅历的加深，我对照现实，感到这句话说得很有道理。后来，我和几位同仁，发起创建了河北省传统文化教育学会。于是，我就一直在想，用一个什么方法，打破这个长期套在国人头上的“魔咒”，让千千万万的家庭和我们的子孙后代都不再重演“后人哀之而不鉴之，亦使后人而复哀后人也”的历史悲剧，能永远地保住我们的“富贵”呢？

2016 年 9 月 2 日至 9 日，我应赵洪利副会长之约，去云南昆明、大理、丽江、香格里拉等地，开始一周的“文化之旅”。洪利副会长是一位成功的民办教育人士，其间我们又谈起“富贵不过三代”这句话，他也深有感触，表示想尽办法也要破解这个难题。结果我们不谋而合想到了传统文化，最后又不约而同集中到了我们老祖宗博大精深、充满智慧的家文化上。因此，我们商定：尽快编纂一本有关家文化的书籍，以试图解决这个长期困扰在国人心中的问题。

从云南回到石家庄后，我就夜以继日，加班加点工作。我的原意是把古人有关家文化教育的精彩篇章梳理出来，然后分门别类，编纂成书。但随着编纂工作的不断深入，觉得这样做很难达到我们的初心。我们遂决定在已有材料的基础上，整理、提炼、加工、概括、总结；同时，考虑到“隔代修史”等诸多原因，决定把时间段定位在 1949 年之前，争取为后人留下一部有意义、有价值，经得住历史考验的家文化“信书”。

由于中途变更，难度突然加大，再加上编纂队伍都是“公益”兼职，且编纂人员基本都是中小学教师，身上还肩负着繁重的教育教学任务，接触外界传统文化信息较少，又很难抽出时间外出查阅资料，掌握的资料远远不够。这种情况的直接后果就是：编纂出来的文稿质量很难达到要求。随着一次次文稿被退回甚至被否定，急躁情绪、畏难情绪也就逐渐显现出来。因此，一年以后，编纂队伍中的不少人就打了“退堂鼓”，编纂工作一度陷入困境。

2018 年 7 月上旬，这种局面终于得到改观——这源自与我会王建君副秘书长的一次工作交谈。建君副秘书长原来长期从事实业投资，后来转行到传统文化教育事业上来，是一位有担当的年轻企业家。他听完编纂工作停顿的缘由后，慷慨承诺：无论如何，也要把这本“功在当代、利在千秋”的好书出版出来，以造福我们的子孙后代。我很感动，答应再次启动编纂工作。

根据编纂工作实际发展需要，我们对编纂委员会和编纂人员进行了改组，重新召开了编纂工作会议，讨论修改文稿，再次把编纂工作提上日程。正是在他的大力支持下，编纂工作进展顺利，很快大家就拿出了初稿。

但是，新问题又出来了，那就是众手成书，文稿风格各异；同时各编纂人员业务水平和掌握的资料多少不一样，所以，审稿工作非常繁重。此时，河北省传统文化教育学会培训中心副主任马晓娟副教授、河北省传统文化研究会副会长霍贵高博士勇敢地站出来，表示愿意帮助承担此项工作。正是他们付出的艰辛劳动，文稿才得以顺利成书。

本书在编纂过程中，也得到了一些领导、专家学者和一些有志之士、有识之士的大力支持和帮助。河北师范大学博士生导师张骥教授对本书的编纂多次提出宝贵的修改意见，河北大学出版社社科文化分社社长杨显硕为本书的出版倾注了大量的精力，等等。他们为本书的面世做出了重要贡献。从这个意义上说，这部书完全是大家共同的心声、共同的心血、共同的智慧。

《左传》云：“太上有立德，其次有立功，其次有立言，虽久不废，此之谓三不朽。”张载则有著名的“为天地立心，为生民立命，为往圣继绝学，为万世开太平”横渠四句。我想：尽管这部书还存在一些不足，还不能达到“尽善尽美”的境界和圣贤的要求，但大家都竭智竭力，围绕我们既定的目标编纂，故依然能体现我们编纂此书的初衷。还是陶行知说得好：“人生天地间，各自有禀赋。为一大事来，做一大事去。”诚若如此，那我们的所作所为，也就可以向历史、向我们的子孙后代做一个交代了。

刘良业

2019 年 4 月 25 日于得月楼

目　　录

第一章　家风

泱泱我中华大国，从古至今知礼仪，重家风之传承。

家庭乃社会之细胞，人生之第一所学校。故华夏儿女尤为重视家庭、重视亲情，注重家教、家风的养成和传承。南宋陆九渊云：“家之兴替，在于礼义，不在于富贵贫贱。”

家风乃一个家庭或家族长期以来形成的能影响家庭成员精神、品德及行为的传统风尚，世代相传，绵延不绝，是一个家庭或家族灵魂的延续。家风，对于一个家庭、家族而言，小则关系到传家继代、延续香火；大则涉及国之兴废、民族盛衰。总而言之，家风好，则族风好、民风好、国风好。故曰：“一家仁，一国兴仁；一家让，一国兴让。”（《礼记·大学》）

良好的家风是一个家庭或家族最为重要且无可替代的精神财富，它弥漫于整个家庭或家族之中，影响到每个家庭成员，惠泽每个家庭成员；家风也是一个家庭或家族的灵魂之所在，支撑着其进步与发展。

家风依托家庭、家族而存在，“皮之不存，毛将焉附”，追根溯源，先有家庭、家族，后才有家风。

第一节　家庭与家族

一、家庭

家庭是人类共同生活的基本单位，它以一定的婚姻关系、血缘关系或收养关系组织起来。在中国文化中，我们每个人的出生、成长与生活都离不开家庭，所以家庭是中国人磨灭不掉的印记，它承载着人们对生活的最终愿景和归属。

最初的家庭关系是夫妻、父母和子女之间的关系。《周易·序卦传》有载："有天地然后有万物，有万物然后有男女。有男女然后有夫妇，有夫妇然后有父子。有父子然后有君臣，有君臣然后有上下。有上下然后礼义才有所安置。夫妇之道不可以不久也，故受之以《恒》，恒者久也。""夫妇之道"乃人伦之始。我们现在的婚姻形式，是一夫一妻制，即一男一女结为夫妻的婚姻和家庭形式。这种家庭的形成经历了各种形式的演变，学术界通常认为家庭演化经历了血缘家庭、普那路亚家庭、对偶家庭，最后才是一夫一妻制家庭。

血缘家庭是人类历史上第一种家庭形式。在原始旧石器时代，人们认识到不同年龄的生理差别，就按辈分划分婚姻，这时，姐妹是兄弟的共同妻子，兄弟是姐妹的共同丈夫，夫妻都有共同的血缘。传说伏羲、女娲本是兄妹，在人类遭遇灭顶之灾，世界上只剩下他们两个人时，为延续人类种族，兄妹两个不得不结合。《吕氏春秋·恃君览第八》中记载："其民聚生群处，知母不知父，无亲戚兄弟夫妻男女之别，无上下长幼之道。"

普那路亚家庭是人类家庭的第二种形式。原始社会发展到旧石器时代的中晚期，人们逐渐认识到族外通婚对后代发育有益，并形成了同母所生子女间不应有性关系的观念，于是在家庭内部开始排除兄弟姐妹间的婚姻关系，实行两个集团之间的群婚，这就是普那路亚家庭。

对偶婚制家庭是原始社会母系氏族公社时期的一种家庭形式，是原始社会时期的最后一个婚姻家庭形态；是指一男一女在一定时期内，结成相对稳定的配偶关系的婚姻形式。“相对稳定”是说他们之间的配偶关系并不是唯一的，只是群体配偶中相对稳定的一对而已，即一个男子在许多妻子中有一个主妻，一个女子在许多丈夫中有一个主夫，但并不排斥与其他异性保持两性关系。“一定时期内”是说，这种“主夫”或“主妻”身份并不稳固，随时会因一方或双方的原因而失去。对偶婚制是从群婚制到个体婚制的过渡形式，与原始社会野蛮时期的生产力水平相适应。

个体婚制家庭指一夫一妻制家庭，出现在父系氏族社会。到目前为止，个体婚制是人类有史以来最后一种婚姻家庭形式。它先后经历了多“妻”制、等级制、家长制、继承制四种社会演变形态，进入了一个新的发展阶段，是人类文明的标志之一。

家庭的兴衰依赖于家风，又影响着国家发展。

正如《左传》所说：“臣闻爱子，教之以义方，弗纳于邪。骄、奢、淫、佚，所自邪也。四者之来，宠禄过也。”这段话是《左传·隐公三年》中石碏劝谏卫庄公的一段话，谈的是到底应当如何爱和教育自己的孩子，而这个故事本身更确切地告诉了我们家风建设和社会建设的关系。

根据《左传》记载，卫庄公有两个儿子，一个是后来继承了公位的桓公，一个是爱妾之子，名叫州吁。

卫庄公娶于齐东宫得臣之妹，曰庄姜，美而无子，卫人所为赋《硕人》也。又娶于陈，曰厉妫，生孝伯，早死。其娣戴妫生桓公，庄姜以为己子。

公子州吁，嬖人之子也，有宠而好兵。公弗禁，庄姜恶之。

石碏谏曰：“臣闻爱子，教之以义方，弗纳于邪。骄奢淫佚，所自邪也。

四者之来，宠禄过也。将立州吁，乃定之矣，若犹未也，阶之为祸。夫宠而不骄，骄而能降，降而不憾，憾而能眕者，鲜矣。且夫贱妨贵，少陵长，远间亲，新间旧，小加大，淫破义，所谓六逆也。君义，臣行，父慈，子孝，兄爱，弟敬，所谓六顺也。去顺效逆，所以速祸也。君人者，将祸是务去，而速之，无乃不可乎?”弗听。

其子厚与州吁游，禁之，不可。桓公立，乃老。

可见，如果不能很好地教育自己的子女，不能通过良好的家风让孩子成为一个遵纪守法、知书达理的人，最终将会给家庭和社会造成巨大的灾难。因此要教育好子女，就应借鉴石碏所说的这句话。一方面，“教之以义方”，用现在的话说，就是用正确的方向引导人，让孩子从小就按着道德的、规矩的、遵纪守法的方式生活，而不做恶事。另一方面，就是不溺爱他们，因为溺爱将会导致他们不听话，认为自己才是世界的中心，变得骄傲放纵，同时也更喜欢骄奢淫逸地享受生活，而不会努力进取、自力更生。

二、家族

家族，又称宗族，是以血统关系为基础而形成的社会组织，包括同一血统的几辈人，亦可称为家属。古人有言：“公修公族，家修家族，使相连以事，相及以禄。”（《管子·小匡》）

在原始的杂交婚姻时期，不能产生家族。人类作为个体而存在，个人通过与他人产生并发展关系，进而结成群体才能适应大自然，才能建立一定的生活秩序得以生存下来，这就要靠家庭、家族以及社会。个人诞生又死亡，家庭组成又分解，而家族却超越了个人和家庭，维系着人类的生存和发展。南朝宋鲍照在《数诗》中写道：“一身仕关西，家族满山东。二年从车驾，斋祭甘泉宫。”

原始母系氏族社会产生了真正的家族，家族由姓氏衍生而来。有了姓氏就有了正式的家族概念，之后慢慢就以亲属血缘关系形成了家族。男从妻居的多偶通婚形成了母系家族。若干氏族组成原始部落，部落内各氏族又独立存在。同时，各部落之间又有着密切的婚姻联系，姓氏就作为识别和区分氏族的特定标记符号应运而生。中国最早的姓都带有“女”字，如姬、姜、妫、姒、妊、妘、嬉、姚等，说明了姓形成于母系氏族时期。

“氏”，是由姓衍生而来的分支。古代同一姓的族人，由于人口繁衍，迁居到各地，加上身份职业的变化，同一祖先的后代子孙便逐渐分成一些支派，每支又用一个特殊的符号来做标志，这就是“氏”。氏重地域，是地位和身份的象征。姓是氏族的标记，氏是家族的标记，姓因生而定，是不变的，氏则因家族而分，是可变的。春秋时姓氏合流以后，氏升为姓，用其形式以表示血统。在地域上以“地望”注明，后来姓氏配以地望，构成宗族，如陇西李氏、清河崔氏。

随着生产力的发展，男子在农业、畜牧业、手工业生产中渐占主导地位，于是母权制自然就过渡到父权制，父系社会形成。生产生活中剩余产品开始出现，贫富现象出现，私有制随之产生。个体家庭作为一种与氏族对抗的力量，从大家庭中分解出来。如《礼记·礼运》：“大道既隐，天下为家，各亲其亲，各子其子，货力为己”，就是以父家长为首的血缘纽带和财产继承的夫妇、父子、兄弟组成的集团，亦即父系大家族。同一血缘的几代人在一起就组成了家族，几个或几十个家族在一起就组成了宗族。

班固的《白虎通·宗教》对宗族的解释是：“族者何也？族者凑也，聚也，谓恩爱相流凑也。上凑高祖，下至玄孙，一家有喜，万家聚之，合而为亲爱，生相亲，死相哀痛，有会聚之道，故谓之族。”古时宗族体系之大，有“百室”之称。《汉书》中记载：“五家为邻，五邻为里，四里为族。”个体家庭成员死后葬于宗族墓地，可见宗族在中国传统社会作为纽带的牢固性。

宗族制度到了西周形成了一套完整的宗法制，天子为天下大宗，大宗下设小宗。《礼记·大传》："别子为祖，继别为宗，继祢者为小宗。有百世不迁之宗，有五世则迁之宗。"说的就是这种大宗小宗的关系。宗法制即是家族组织形式，又是政权组织形式，故《礼记·大学》有"齐家治国平天下"之说。

东汉后期魏晋南北朝时期，家族的典型形式是世族门阀大家族，出现"豪人之室，连栋数百，膏田遍野，奴婢成群，徒附万计"，"一宗近将万室，烟火连接，比屋而居"的状况。从宋代开始，至明清时代，出现庶民家族，家族趋于平民化和大众化。现在的家族已经转变为一种文化共同体。家族的存在可以通过家族认同、血缘关系等给人们以某种心灵寄托。经过长期的发展变化，父系大家族中的小家族或个体家庭从中解放出来，形成了若干较为单纯的以血统为纽带的家族。

第二节　家风的形成

家风是每个家族成员自豪感的源泉，是每个家庭成员成长的基石，是一个家族最宝贵的财产。家风是融化在中华民族血液中的气质，是沉淀在我们骨髓里的品格，是我们立世做人的风范，是我们工作生活的格调。家风是民风社风的根基，是社会和谐的基础。家风是家族子孙代代恪守家训、家规而长期形成的具有鲜明家族特征的家庭文化。家风是农耕文化的产物，源于古代乡土亲缘。它不仅是一些具体的条文规定，更是家族的精神"图腾"，随着社会的发展而演变。

一、家风的形成是长期的历史文化沉淀的过程

优良家风的形成，并非在朝夕之间，而是经过几代甚至数代人的不懈努

力践行而成。站在历史长河之上，回顾总结无数曾经辉煌的家族，他们的家风各有千秋，其中不乏经典与精华：岳母为儿刺字“精忠报国”，“忠”为岳家之家风；林则徐勤俭持家，生活简朴，他认为“贤而多才，则损其志；愚而多才，则增其过”，“俭”为林氏家风。

在儒家修身、齐家、治国、平天下的序列中，家起着枢纽性的关键作用。它强化着个体的修身，也筑实了治国、平天下的基础。因此，古人非常重视对家的维护与建设，注重对子弟族众的教育。家不只是一个人最初物质生活资源的供应者，更是其精神养分的提供地；家不只是一个人最初的知识和生活常识习得的场所，更是规范其行为举止、提升其道德境界的熔炉。

家风的形成绝非一朝一夕之事，而是需要长期的积淀和传承，需要家族子孙代代相传，一个家族中某一个人物出类拔萃、深孚众望而为家族其他成员所宗仰追慕，其懿行嘉言便成为家风之源，之后再经过家族子孙代代接力式的恪守，流风余韵，绵延不绝，便形成了一个家族鲜明的家风。积淀既久，一个家族就会形成迥异于其他家族的精神风貌、道德品质、审美格调和整体气质。

我国古代人大多以家族聚居，家族在代际传承中持守一种较为恒定的价值理念，并在这种坚持中形成了整个家族的性格特征。

在传统社会中，家风一般由家族中的领导者倡导确立，而领导者多为家族中的长者或尊者。这是由于中国社会家庭中最关键的纽带是血缘关系，在传统血缘宗法式家庭中，长者尊者具有绝对的权威，便自然具备了家庭教育的绝对资格，家风便是家庭教育的集大成者。一旦家风创立，在践行过程中便以家族中长辈与后辈之间代代相传为形式，形成了无声的、相互影响的特有氛围。

《论语》记载，孔子曾对自己的儿子说：“不学诗，无以言”“不学礼，无以立”，从此子孙便作为祖训。五十三代衍圣公孔治“建堂于私第，命以诗礼，示不忘过庭之教”，明代更在孔子故居上建造诗礼堂作为家族聚会的场所。明清时期，衍圣公专主孔子祭祀，不再外出任官，能有更多的时间读书学习，更坚定了学诗学礼的信念。他们以“文章道德圣人家”（孔府大门对联）为目标，以“天眷龙章匪懈精勤惟就学，祖谟燕翼大成似绪在横经”（孔府学诗学礼的忠恕堂对联）的清醒认识学诗学礼，更以“东趋家庭学诗学礼承旧业，西瞻祖庙肯堂肯构属何人”的决心继承孔子的事业。

孔子的孝道精神把世人对家族的简单崇拜引领到了一个全新的领域。人们遵循孝道的实践重心从宗教祭祀活动转变为创立各家的家庭规范，中国的传统家风便是从这个时代蓬勃发展起来的。“学诗学礼”的家训，从孔鲤开始便成孔氏家族的族训。“不学诗，无以言”是告诫儿子，不学习《诗经》就没法说话。因为在孔子生活的年代，诸侯国之间主宾应答，以及上层社会交际场合的交谈，不可直抒其义，而是要吟诵合适的《诗经》中的诗句委婉地进行表达。

孔子后裔以诗礼传家，在无数代的传承过程中，虽然诗礼的内容和形式有所变化，但是核心精神没变，逐渐形成孔家好诗、好礼、好学的家风。如今，在孔府各处，“诗”“礼”二字无处不在。

孔氏家训不是贸然而生，孔子的祖上也都博学多识，尚学重学。

孔子先祖本是殷商王族，为殷商帝王纣的兄弟微子启。他很是博学，著有《洪范》，还是围棋的发明者。周朝初年被周成王封于商丘，建立宋国。宋国在当时占有相当重要的地位，孔家也很兴盛，出了不少贤能人物，逐渐产生了重诗重礼好学的家风。

刚步入春秋之际，孔子祖上出现了一个名为正考父的人物，出身于显赫贵族，博学多才，文武双全，德高望重，地位仅次于国君，非常重礼。特别是他三次被委以重任，大权在握，却极为惶恐，为了训诫子孙，他把此事刻在家中唯一的鼎上：一命而偻，再命而伛，三命而俯，循墙而走，亦莫余敢侮。馇于是，粥于是，以糊余口。大意是：（三次受命）第一次是弯腰受命，第二次是鞠躬受命，第三次是俯下身子受命。平时我总顺着墙根走，也没有人敢侮辱我。饮食以稀粥糊口即可。在礼崩乐坏的春秋之际，正考父的守礼显得弥足珍贵。

正考父的儿子孔父嘉，秉承父风，从未有越礼腐化之举。无奈在一次政变之中，宋国国君、孔父嘉被华督杀害。从此，孔父嘉的后代便远逃至鲁国。原本高贵的身份不复存在，一切都靠孔氏子孙从头再来。孔氏后人却没丢掉家族传统，代代继承重诗礼的家学，文武双全，德行高洁。

到了孔子父亲叔梁纥，官至大夫，却在孔子 3 岁左右去世。孔子 17 岁时，母亲也去世了。

孔子自幼贫困，故而《论语》有言："吾少也贱，故能多鄙事。"孔子在如此逆境之中，一心向学，卓有建树，不能不承认孔子是受其家族好学之风的感染。为了更好地传承诗礼家风，孔子兴办私学，广收门徒，提倡并实践"有教无类"的主张，无分贵贱，不分国界，只要有心向学，并将私学扩大到民间。孔子弟子三千，七十二贤人，来自鲁、齐、宋、卫、晋、吴、陈、蔡、楚、秦等国家。孔子的好学在《论语》中有很好的体现："吾十有五而志于学"，"发愤忘食，乐以忘忧，不知老之将至"。在《孔子家语》中，孔子对孔鲤说，能够使人整天都不厌倦的一定只有学习。而他的一些教学方法也流传至今，如"学而时习之""学而不思则罔，思而不学则殆""举一反三""因材施教""不耻下问"，等等。

在孔子之后，其孙孔伋拜于曾子门下，传承了儒家学诗学礼之风，并成为儒学史上的重要人物，据传《中庸》为孔伋所作。

孔伋之后的孔门子孙也都是文武双全，因守礼而与时世格格不入，大多隐居于世。较出名的有孔鲋，冒死珍藏儒家诗书典籍于墙壁之中。为推翻"君不君，臣不臣"的无礼秦王朝，好学德重的孔鲋在陈胜、吴广起义中舍生取义、杀身成仁。三国时的孔融，对犯君臣之礼的曹操毫不畏惧，与其频频发生冲突，最终遭灭家之灾。

然而，孔氏庭训不会亡。孔氏第七十七代后裔孔颖说："诗，就是知识和文化；礼，就是礼仪和规矩……它的内涵就是：人生在世，一要有文化，二要有规矩。"孔颖家族从七十二代族孔宪珍开始，就形成文化世家。其父孔令绍说："让孩子学习知识，学习文化，不是为了让他出人头地，而是让他知书达理。"

在如今孔子的故里，一村一个孔子儒学学堂、一村一个儒学讲师，每月一堂经典国学课，《论语》章句随处可见，诗、礼之风弥漫着整个孔子故里。

虽然孔子去世后，孔家经历了七代单传的危险，但孔氏家族始终不忘传承家学家风。至如今，"诗"已经不仅是《诗经》，而是以《诗经》为代表的儒家经典和传统的思想文化；"礼"也不仅仅是礼仪方面的经典，还包括以礼为代表的传统伦理道德。孔子家族"不学诗，无以言；不学礼，无以立"家风从产生到形成今天的"诗礼"家风，历经了两千多年、几十代的传承和发扬。

明代廉吏卫承芳，一生秉承卫氏家风，弘扬淇竹精神，这位阁臣高官、一代醇儒，留给后人的并不是高宅大院，而是淇竹风骨、清白家风。对上"清忠正直"，对下"清白自矢"。万历四十三年（1615 年），卫承芳于任上殉职。史料载："归葬之日，子孙至鬻田宅，以毕丧事。"卫承芳坚定"天道高远，民心是路"的指向，怜悯百姓，以民为本，因而处事果断，简静刚毅。

万历十四年（1586 年），浙江全省饥荒，地处瓯江出口处的温州较之其他地区可谓丰收，于是有奸民倒卖粮食牟利，致使米价飞涨。时任温州知府的卫承芳为此颁布禁令，严惩奸商，同时统计饥荒人口，给予赈济。

卫承芳在温州知府六年任上，政声卓著，深得民心。《温州府志》载："遇事能断……丝粟不染。"

在后来的户部、吏部尚书任上，他同样勇于任事，清廉有为。礼部称其“有亭亭特立之节，无矫矫啖名之心”。《明史》中说：“万历间，南京户部尚书有清名者，前有张孟男，后则称承芳。”

光前裕后，清白家风励后人。卫承芳廉正清忠效力朝廷，勤政呕心体恤百姓，不仅是一代廉吏，更是卫氏族人中的俊杰楷模，为后世子孙树立了精神丰碑。

《卫氏宗谱》记载，明万历甲寅年夏月，卫承芳亲笔为支系族人撰写碑记，在《四川万县尹方登遗爱碑记》中告诫后裔俊秀：“史传备记循良，要以所居民富，所去民思为实效……忧在民穷，勤在民事，兴在民利，除在民害”；明万历三十二年甲辰年三月撰写的《市郭里陈渡乡八圣宫万人灯碑记》中，则训诫后人做人要懂礼数、有恒心。

继烈考之事迹，启后代之瞻依。卫氏十五世孙卫心浩在《家祠记》中感念卫承芳的清忠品德，留下抒怀敬仰的文字：“箕裘未坠，世哉其英……”

时过200年后，达川卫氏族人商议，又定下祠规26条，刻在墙壁上，与淇竹家风、勤善醇德的内涵互相辉映。祠规奖罚分明，惩恶扬善，约束不肖子孙，教育本族子弟发愤读书，行善积德，扶贫济困，不得做有辱家族声誉之事。这些内容与卫承芳为官做人品性一脉相承，成为子孙牢记在心的精神财富。

家风一词，最早见于西晋著名文学家潘岳的《家风诗》：

绾发绾发，发亦鬒止。

日祇日祇，敬亦慎止。

靡专靡有，受之父母。

鸣鹤匪和，析薪弗荷。

隐忧孔疚，我堂靡构。

义方既训，家道颖颖。

岂敢荒宁，一日三省。

此诗展示了优良家风对作者的影响，强调树立良好家风的重要性。在他的影响之下，出现了很多颂扬家风家教的文学作品，如陆机《与弟清河云诗》、王粲《为潘文则作思亲诗》、陆云《答兄平原诗》、陶渊明《命子诗》、潘尼《赠司空掾安仁诗》等。

魏晋南北朝时期，以“九品官人法”入仕从政，品第人才的三大标准，即才能、德性和门第。至西晋时期，朝廷选拔官吏、中正品第人才时，门第成为考核的主要标准，明显超越了才能和德行。门第家世对于士人的进仕非常重要。世风如此，重家世、家风，出现大量盛极一时的“家风”类诗歌便不足为奇。与此同时，世家大族为维持门第族望，更好地使子女继承家业，便将自己的人生体味和处世之道整理成文集或以书信形式规诫后代，成为“诫子书”，也称“家训”或“家诫”。现存文献约有 80 多篇，如王褒的《幼训》、嵇康的《家诫》、王筠的《与诸儿书论家世集》、羊祜的《诫子书》、张烈的《家诫》等。王永平对魏晋南北朝时的“家风”一词赋予了比较准确的意义：“家风就是世族精神文化传统。一种精神或行为方式在某一宗族内，延续三代以上便可视为某一家族之文化传统，构成其家风。”魏晋南北朝时期，颜氏家风与儒学结缘最深。自配享孔庙的颜回始，儒学一直为颜氏家族所世习。

此时期，世族的家学门风的显著特征是它的文化特质。陈寅恪指出：“夫世族之特点，既在其门风之优美不同于凡庶；而优美之门风实基于学业之因袭。”在重家族传承的社会大环境下，家训、家诫已成为家风形成的重要因素。大家门第悉心图谋家族的发展，并因此形成独有的家风，严格以家风培养和规范后人。

二、家风的形成是一个潜移默化的过程

家风的传承像一条牢固的纽带，不断延续着中华民族的优秀家风和传统。家庭是社会的基础，也是每个社会成员的第一所学校。每个个体有意或者无意的言谈举止、待人接物都或多或少地有着各自家庭的影子，而这些影响是在个人的生活环境和父母亲人的潜移默化中形成的，正是这种耳濡目染、润物无声的教化使得家风得以延续。

中国传统家风得以不断地承续和发展，很大程度上在于其核心精神中蕴含着身教与躬行的品格。家风不是空洞无物的教条，更不仅仅止于家中长辈对晚辈的耳提面命，而是通过言传身教、亲身实践、耳濡目染，不断地内化为现实的行动。

家风是崇高而神圣的，却又是朴素而真切的，带给我们的是性格和人生轨迹的改变。而这种改变又是我们在家中，受家人的影响潜移默化的结果。曾国藩道："弟子之贤否，六分本于天生，四分由于家教"，可见家教在人的成长中的分量。

（一）以身为教

"其身正不令而行，其身不正，虽令不从"，正人先正己。在家风的传承中，并非只通过训诫等口头方式传承，更重要的是长辈的身体力行，榜样的力量是无穷的。

南北朝的教育家颜介曾说："夫风化者，自上而行于下者也，自先而施于后者也。是以父不慈而子不孝，兄不友而弟不恭，夫不义则妇不顺矣。"意为：自古教化都是从上到下实施的，于是父亲不慈爱儿子就不孝顺，哥哥不好弟弟便不恭敬，丈夫不忠义妻子就不顺从。家风之教化，是有上下先后顺序的，是有示范作用的。要形成什么样的家风，家中一定得有一个标杆，这个标杆就是我们的榜样，是家人努力的方向。

三国时期的司马懿，赋闲在家时，亲自指导孩子学习兵法、练武、玩耍。打仗的时候，他把两个儿子带在身边，派他们亲自上前线打仗。经过无数次的磨砺，司马师和司马昭成为智勇双全的两员猛将。钱学森的儿子钱永刚面对他人问及父亲对自己的教育时，他说，如果要说诀窍的话，那就是“不教育”。他认为，父亲对国家的大爱和对科学的专注，是通过“身教”而非“言传”，如春风化雨般地影响着他。孟子在“断机杼”中自然体会到半途而废的道理；范仲淹志存天下，是因为其母说“不为良相便为良医”。历史上言传身教的例子还有孔子、林则徐、曾国藩等。我们想让孩子看书，自己就先拿起书；想让孩子有礼，自己要首先有礼。

（二）以礼为教

曾国藩作为一代名臣，亲自拟定各种家族礼仪规范，并首先自己做到且做好，为他人树立榜样。曾国藩曾身居要职公务繁忙，长年在外，无法经常督促子女，于是写信成为他教育子女的重要手段。曾国藩的家书被整理成《曾国藩家书》。

曾国藩对书信格式极为讲究，显示了他恭肃、严谨的作风，信中多处以自身作例子，谦和地教育子女，并经常自我反省，他在信中谈得最多的是“恒”和“勤”。他自己首先每天用楷书写日记，每天读10页史书，还戒掉了吸烟的毛病。他要求诸弟、子女及时向他汇报生活学习情况，即使工作到深夜，每天也必定抽空阅读子女书信，并慎重回复。

在一封封书信中，勤、孝、俭、仁、恒、谦的优良品质融入家风，深入家人的心中，从而使曾家长盛不衰、人才辈出，活跃在各行各业。正是曾国藩的身体力行才使他的劝导更具说服力，家族子弟才会认真地遵守，不仅形成曾氏家风，并一代代传承下去。

（三）以环境为教

孟母三迁就是因为环境对一个人的影响太大了。诚如《论语》所言：

“里仁为美。择不处仁，焉得知?”选择居所住处应以文明、礼让、仁德为标准。若胡乱地选择，还能称得上是明智的人吗？大家还记得孟母原先在哪儿住，最后又迁到哪儿了吗？

孟子小时候很贪玩，模仿性很强。他家原来住在坟地附近，常常玩筑坟墓或学别人哭拜的游戏。母亲认为这样不好，就把家搬到集市附近，孟子又模仿别人做生意和玩杀猪的游戏。孟母认为这个环境也不好，就把家搬到学堂旁边，孟子就跟着学生们学习礼节和知识。孟母认为这才是孩子应该学习的，心里很高兴，就不再搬家了。这就是著名的“孟母三迁”的故事。

最后迁居到孔子嫡孙子思门人教学的地方。子思门人传道孟子，孟子受到儒家重学思想的影响，刻苦求学，最终成为中国古代著名思想家、教育家，战国时期儒家代表人物，并形成了战国时期的显学——思孟学派。

语言环境、情感环境、人际环境、道德环境对孩子潜移默化的影响是终身的。孟母三迁的过程，就是探寻环境的过程，探寻有益于孩子成长的宜居之所。环境对一个人有巨大的影响：“如入芝兰之室，久而不闻其香；与不善人交，如入鲍鱼之肆，久而不闻其臭。亦与之化矣。丹之所藏者赤，漆之所藏者黑，是以与善人交君子必慎其所处者焉。”（《颜氏家训》）在与品行优良的人交往时，就好像进入了摆满兰花的房间，久而久之就闻不到兰花的香味了，这是因为自己和香味融为一体了。和品行不好的人交往，就像进入了放满臭咸鱼的仓库，久而久之就闻不到咸鱼的臭味了，这也是因为你与臭味融为一体了。朱砂所蕴含的一定是红色，墨漆所蕴藏的也一定是黑色，所以，君子必须慎重选择自己所处的环境。

墨子曾将选择环境喻为染丝：“染于苍则苍，染于黄则黄。所入者变，其色亦变；五入必而已则为五色矣。故染不可不慎也!”同理，丝可染，人在其中亦可染，这个染料便是家庭环境。

谚云：“要认识一个人，最好的办法就是看他交什么朋友。”有一次，孔子对弟子曾子说：将来我死后，子夏会越来越进步，子贡会越来越倒退。曾子不解，孔子说：子夏这个人，喜欢和贤能的人在一起，乐意和比自己强的人在一起；而子贡喜欢和人谈论不如自己的人。由此可见环境对人的影响有多大。

《易经·蒙卦》中说："蒙以养正，圣功也。"《孔子家语》中："少成则若性也，习惯若自然也。"意思是：自幼形成的习惯就像天性一样，不自觉地就进入一种自然状态中。这告诉我们，"正心"要从小养成。

《颜氏家训》旨在"整齐门内，提撕子孙"。它涵盖了我国传统家训内容的几乎所有方面，是当之无愧的"古今家训之祖"。颜之推这样有成就的一个人，年轻时曾经受到凡庸之人的熏染，轻狂放纵，言语轻率，不修边幅，差点步入歧途。原因就是：九岁的时候，他父亲去世了，慈爱的兄长抚养他长大，兄长慈爱，不够威严，督导不够严厉，结果与一些不良少年开始交往，沾染了一些不好的习惯。十八九岁时，颜之推认识到这种习气不好，下定决心改正，经过不懈努力，虽有很多改变，但终究不能彻底改掉那些不良习惯。正如颜之推自己所言："习若自然，卒难洗荡。"

《颜氏家训》编写的目的，除了教后世子孙从小养成好习惯，不重蹈自己的覆辙之外，还为了让颜氏家族形成一个好家风的氛围，以免子孙在家庭环境中受到不良熏染。正如颜之推所言："教妇初来，教儿婴孩"，"人在少年，神情未定，所与款狎，熏渍陶然，言笑举止，无心于学，潜移默化，自然拟之。何况操履艺能，较明易习者也?"俗语也说得好："三岁看大，七岁看老。"孟母三迁、孟母断杼、曾子杀彘，均说明教育孩子要从幼儿开始。

芒山盗的故事，就是一个教育孩子的反面典型：

大宋宣和年间，芒山一大盗依法判处斩首。临行前其母前来与之诀别，大盗提了个要求，想再像小时候一样吃一下母亲奶。面对儿子的要

求，母亲答应了，把乳头给他吮，不料盗贼却咬断了母亲的乳头，血流了满地，母亲死了。行刑的人说："你为什么如此狠毒?"盗贼于是对行刑的人说："我小时候，偷来一棵菜、一根柴，我的母亲看见了都会对我的这种不良行为感到高兴，以至于后来我不能约束自己的行为，才有今天的下场。我恨她，就把她杀了。"

家风，是一种综合的教育力量，它是思想、生活习惯等方面的综合体现。家风似一架灵敏的摄像机，沿途摄入所闻所见。每一件日常小事，都是制造人格的纤维。环境中每个人的言行品格都是融入成长过程的建材，使人的思想感情与行为受到感染，左右着人的生活态度。环境给人的影响，除了有形的模仿之外，还有无形的塑造。

家，是每个人成长的第一空间，亦是受环境影响时间最长的地方，每个家庭成员身上或多或少都会带有家的烙印。家人，必须首先具有良好的习惯与教养，再不断熏染孩子，方可形成良好家风。

三、家风的形成是一个与时俱进的过程

中国近代以来发生的变化在中国历史上是罕见的。这个罕见，在于中国头一次在政治、经济、文化、军事等各个方面全方位地碰到了一个不同于自己的文明——西方文明。而这一文明虽然有其独特性，但也代表着人类文明发展的普遍性。因此，中国不得不进行一场自我改革或革命，以改变自己的基本生存模式，这种生存模式，不仅是国家的，也是社会的、家庭的、个人的。所以从近代以来，中国从科学技术到经济发展，从政治制度到道德价值，从教育模式到语言表达，都发生了巨变。

唐宋明清时期，随着家训、家书的日益成熟，家风也逐步发展成熟，到明清达到鼎盛。

唐朝家风有着向文学的些许转型。有唐一代，以儒家思想为核心的科举制度成为士人入仕的途径，这促使士族门风不断与科举制度相结合。唐太宗明确表示："朕今所好者，唯在尧、舜之道，周、孔之礼，以为如鸟有翼，如鱼依水，失之必死，不可暂无耳。"（《贞观政要》）表示把儒学作为治国的主要手段。家风的培养取决于当时的政治、经济和文化，并与家训的发展息息相关。此时，家训成熟的代表当属颜之推的《颜氏家训》，另外还有李世民的《帝范》《诫皇属》。唐朝的家风培养旨在"睦亲齐家"，此时期的家训均可体现。《帝范》言："且敦穆九族，放勋流美于前；克谐烝乂，重华垂誉于后。无以奸破义，无以疏间亲。察之以德，则邦家俱泰，骨肉无虞，良为美矣。"

宋朝长期的社会混乱使传统门阀士族逐渐衰落，官僚地主与庶族地主兴起，频繁的社会流动使得他们的政治经济相对不稳定。宋代家风教育主要是家长劝勉子弟通过对儒家经典、伦理道德、为人处世、居家治生等方面的学习，提高自身修养，确保家族繁荣昌盛。此阶段的大量著名家训作品是家风的重要载体，如《包拯家训》《诲学说》《袁氏家训》《范仲淹家训》《家范》《朱子文集》《训俭示康》等。宋代家风一突出亮点是：少数望族提倡节俭。范仲淹以"节俭固穷"为家风，引领有宋一代形成了"俭以养德，俭能远祸"的风气。范氏节俭克己之风获得了司马光、范祖禹等人的效法。

明清时期，商品经济开始突破传统农业经济的束缚，迅速发展起来，资本主义萌芽随之出现。西学东渐中近代科技的传入，开阔了人们的眼界，家风中便出现了一些反封建的思想。另外，明清时期，大量家书家训出现，此时著名的家训家书有：明代的《郑氏规范》《家范》《朱子家训》《温氏母训》等；清代朱伯庐《治家格言》、康熙《上谕十六条》、雍正《圣训光谕》、曾国藩《曾国藩家书》等。传统家风内容体现为立德修身、整齐门内、为人处世、励志勉学等。

中国进入近代以后，经历了若干重大事件，逐渐沦为半殖民地半封建社会，体现救亡图存、反帝反封建、自立自强的新家风逐渐产生。伴随着宗法社会解体、农耕文化消失，新中国成立后，克己奉公、乐于奉献、服务大众等成为家风的主要内容。随着改革开放的不断深化，自由、平等、法制的家风逐渐融入各个家庭。

第三节　家风的影响

家风对人的影响是终身性的。小到一个家庭，大到一个国家，良好的家风如一股温暖的春风，时刻吹拂人的心田，涤荡出向上之气；不良的家风则会挫人锐气，让人意志消沉，缺少向上之心。

千百年来，中华优秀文化通过一代代人的言传身教和家风传承，深入到每个中国人的血脉中。家风作为传承中华文明的微观载体，以一种无言的教育，潜移默化地影响着人们的心灵。

家风是具有鲜明特征的家庭文化，良好的家风是一个家庭最宝贵的精神财富，也是每个家庭成员形成正确世界观、人生观、价值观的基石。“积善之家，必有余庆；积不善之家，必有余殃。”可以说，良好的家风有利于培养人才，不仅惠及家庭家族，也造福社会；不良家风不但影响子女成才，殃及家庭家族，也祸及桑梓。

家风是一个人精神成长的重要源头，是人成才与终身受益的源泉。有什么样的家风，往往就有什么样的做人做事态度、为人处世风格。对于不少人来说，家风甚至会影响和决定他的一生。

在一位杰出的人身上，可看出优良家风对他的影响，会让人看到父母对子女成长精心抚育的印记。优良的家风就是高尚人格的精神滋养。从父母长辈那里得到的良好熏陶越深，他的举手投足间就越能透出高雅淡定的品质。

品格素养具有的积极意义越多，就越能不断迸发出健康向上的正能量。

唐代官员卢奂，与其父卢怀慎都是著名的清官，父子二人为古今官员树立的正面形象，着实令人肃然起敬。卢怀慎出身于范阳世家大族，以进士及第入仕，历任监察御史、吏部员外郎、侍御史、兵部侍郎、黄门侍郎等官职，开元初被任命为宰相，他与姚崇齐心协力，共同辅佐玄宗励精图治。卢怀慎十分清廉，宋璟曾经登门拜访卢怀慎，亲眼看到他家非常简陋，“敝箦（床席）单藉，门不施箔（门帘）；会风雨至，举席自障”。卢怀慎病逝后，家中仅有一老奴，请求自卖为他办丧事。

作为朝廷官员，卢奂原本可以为父亲大操大办，但由于父亲的影响，他也过着如父亲一样的生活。卢奂非但没有抱怨物质生活的匮乏，而且继承了其父清廉的遗风，进入仕途后亦以为官清正而闻名。开元年间，卢奂历任中书舍人、御史中丞、陕州刺史等职。在陕州刺史任上，他表现出卓越的治理才能，兴利除弊，保境安民；并且严于律己、恪守廉节，严明吏治、政风清明。

唐天宝五载（746年）七月，唐玄宗自洛阳返回长安，途经陕州，实地考察，对刺史卢奂的政绩大加赞赏，在州府议事厅为他题词：“专城之重，分陕之雄。人多惠爱，性实谦冲。亦既利物，在乎匪躬，斯为国宝，不坠家风。”皇帝亲笔题词，无疑是最高的奖赏。不过，用现在的话讲：“金杯，银杯，不如百姓口碑；金奖，银奖，不如百姓夸奖。”当时陕州百姓大多信神拜佛，但他们对刺史卢奂极为崇敬，民间盛传一首歌谣：“不须赛神明，不必求巫祝。尔莫犯卢公，立便有祸福。”透过歌谣可以看出，百姓将卢奂视为神明，究其原因，就是他为官清正。

优良的家风是民族发展和国家昌盛的“特殊基因”。中华民族历来讲家国同构，“国”和“家”紧密相连，国由家组成，家是国的细胞，有家才有国。几千年来，家国情怀一直是中国人安身立命之所在。中华民族之所以能够血脉不断、生生不息，中国特有的家风文化是其中的重要原因。例如，《颜氏家训》等一批家训家规，其许多内容已经融入中华民族的精神世界。历史和现实一再告诉人们，良好的家风，能在潜移默化中影响人们的价值观，生成并激荡成时代新风尚和历史大潮流，不断推动社会向前发展。

家风正，则民风淳政风清。家庭是社会的细胞，家风是一种潜在的道德力量，潜移默化地影响着人的心灵，塑造着人的品格，是一种无言的教育、无字的典籍、无声的力量。好的家风，是推动社会文明进步的正能量，在纵向的代与代的言传中确保了家族成员的健康成长，对其家庭和成员而言不仅是一种无形的规约，而且是一种潜在的人生信仰。每一个家庭成员都是其家风的“流动载体”，其横向辐射产生外部效应，到一方就影响一方，熏染一方。由此观之，家风是社会文明程度的缩影，每个家庭的家风汇聚在一起，就形成了一个地区的民风。倘若每个家庭都有良好的家风，那么，中华民族的发展与进步将获得无尽的能量。从这个意义上讲，良好家风的培育，正是人生价值观落细、落小、落实的重要载体，也为思想道德建设提供着强大的推动力。

家是最小国，国是千万家。家风的形成，无关贫富，只关德行，家风在一定程度上促进和影响着社会之风。家风是社会的产物，与时俱进，历史的变革，或早或迟，总会赋予家风、家规、家训以新的意蕴，除旧布新。时下，引领崇德向善、奋发向上的时代风尚，顺理成章地成为家风家训的重要内涵。

家风清则社会清，家风浊则社会浊。如果一个社会的多数家庭都拥有积极向上的家风，其家庭成员在家风的影响下都具有良好的个人操守和品行，整个社会的道德水平和社会风气也将在潜移默化中得到提升。我们每个人都应该努力传承良好的家风，这样，我们的社会、国家才能风清气正。

第四节　家风的建设

家风建设重在培育。立家规，就是发挥祖训家教在家风建设中的涵养和约束作用。家庭是思想性格的塑造场，家教是人生价值的奠基石，是人生的“第一粒扣子”。“修身、齐家、治国、平天下”，从个人到国家、到天下，“家”是最重要的纽带，父母长辈融化在爱之中的家教，是最能融入我们血脉的东西。

家风建设修身为先。打铁还需自身硬，完善个人修养，是社会道德规范的延续，也是社会主流价值观的传承。修身可提高个人道德素质，对此魏徵曾说：“傲不可长，欲不可纵，乐不可极，志不可满。”

家风建设重在传承。中国传统教育讲究言传身教，教育不仅是文化知识的传播，还是道德修养的映射。在家风建设上，古语云，母慈而子孝，兄友而弟恭。优秀的个人修养是可以通过自身的言行举止和为人处世感染下一代的。家风正，影响给孩子骨子里的正气和正义是必然的，这样的孩子进入社会，释放出来的自然是一身正气。家风的形成，靠家庭世代沿袭，靠一代代人的言传身教才能形成。家风好，受世人称赞，家庭成员自然也感到自豪。

俗话说：家和万事兴。相互体谅、相互宽容、相互信任、相互理解是家和的前提。家庭是社会的基础组成部分，只有家庭和睦，社会才会稳定。家风似雨，润物无形，树立、建设良好的家风，传承悠久的国风，中国这文明善良勇敢的东方古国最终将让世界钦佩！

第五节　中华优秀传统家风的主要内容

一、家风概说

中华传统家风自先秦发轫，历两千余年，内容不断丰富，成为中国传统文化的瑰宝。

在我国传统社会中，家风也称“门风”“父风”等，是一个家庭或家族在世代繁衍的过程中逐步形成的传统习惯、生活方式、行为准则与处世之道的综合体，主要内容是其独特而稳定的思想观念和情操、作风。① 朱翔飞教授认为，家风与政治、经济地位并无太大关系。权倾朝野的官宦之家和富甲一方的财富大家，不一定拥有良好家风。家风也无关乎知识、技术和技能，只有上升到精神层面，引导家庭成员道德发展走向的才可谓之家风。②

中华传统家风的载体主要有两种。一是由大家庭或家族拟定的家规、家训和家书。这是家风显性的、有形的载体，是家风的可视化形式。这些家训、家规和家书所确定的家庭或家族成员必须遵循的道德观念、生活方式以及文化风范等内容，逐渐形成规范，外化于行、内化于心，并传承下去，形成相应的家风。一是普通家庭父辈或祖辈的身体力行和言传身教。在每个家庭或家族的日常生活中，家风是一种隐性的、无形的存在。

家庭教育与家风的联系非常紧密，却不完全对等。日常生活中的家庭教育是具体可感的，而家风却看不见摸不着。无形依赖有形，家风依赖家教。家庭教育随时随地都能进行，家风却必经世代传承和累积才能形成；家庭教

---

① 参见张琳、陈延斌《传承优秀家风：涵育社会主义核心价值观的有效路径》，《探索》2016 年第 1 期。

② 参见朱翔飞《孝里有道》，中华书局 2011 年版，第 30 页。

育多指亲子间的品德教育和智力开发教育，家风则是包括夫妻、子女之间等多种关系的规范；家庭教育身教与言传并重，家风则更重身教，对后代而言是一种潜移默化的影响。总之，家教在术，家风在魂。

家风是一个中性概念，并不必然具有正面的引导作用。有的家风积极向上，有的家风方向走偏。我们所提倡的家风，是指那些经过时代的淘漉和历史的积淀，在今天仍然熠熠生辉的中华优秀传统家风。

中华优秀传统家风必然符合社会发展的需要，遵循个体及社会的发展规律，并且有益于家庭或家族成员的身心健康，对社会发展有一定的积极意义。随着社会的发展，在淘漉和积淀的过程中，中华优秀传统家风早已由“王谢堂前燕”飞入了“寻常百姓家”，而且在功能上越来越简单实用，在价值上越来越趋于世俗化，在内涵上越来越趋于现代化。如今，无论是大家族还是小家庭，都离不开勤奋读书、尊老爱幼、诚信做人等好家风的濡染。家庭或家族作为社会的细胞，其家风的培育，都必将对这个家庭或家族关系的维系和社会的发展，乃至国家的治理，发挥不可忽视的作用。因此，传承中华优秀传统家风就显得异常重要了。

作为一种文化范畴，中华优秀传统家风与儒家思想的核心内容大体一致，万变不离儒家精神之宗。这也是中华优秀传统家风的显著特征之一。①

儒家提出仁、义、礼、智、信等道德标准，其中“仁”又分为公、恕、孝、慈、宽、厚等六个德目，“义”分为正、直、悌、勇、介、耻等六个德目，“礼”分为敬、谨、谦、让四个德目，“信”分为不二、真、诚、不欺四个德目。在日常生活中，这五种基本道德及其分解衍生出来的德目，成为评

① 参见张琳、陈延斌《传承优秀家风：涵育社会主义核心价值观的有效路径》，《探索》2016 年第 1 期，第 166 页。

价一个人的道德修养和一家一族家风好坏的重要尺度。[①] 儒家倡导的“五德”及其德目是为“修身、齐家、治国、平天下”的理想人格服务的，这也成为中华优秀传统家风的主要价值取向。

《大学》指出：“古之欲明明德于天下者，先治其国；欲治其国者，先齐其家；欲齐其家者，先修其身；……”意思是，古代想要把美好的德行彰明于天下，就要先治理好自己的邦国；想要治理好邦国，就要先整饬好自己的家庭或家族；想要整饬好自己的家庭或家族，就要先修养自身的品性。

在中国传统文化中，修身是使个人修养达到完善的程度，是齐家、治国、平天下的根本。齐家即善于处理好家庭或家族内部的关系，是治国、平天下的基础。治国、平天下是齐家的扩大和延伸。纵观中华民族千百年来积淀下来的优秀传统家风，其内容主要包括修身、教子、齐家、治国四个方面。

二、中华优秀传统家风的主要内容

中华优秀传统家风内容丰富复杂。由于不同的家庭或家族，其领袖人物的文化背景和为人处世观念也各不相同，他们所承传的家风也会自然而然地打上特定时代和阶级的烙印。比如，不同时代的天子诸侯家风、达官贵族家风、文人墨客家风、商贾家风、百姓家风，等等，就各有其特点。

在这里，我们大体依照修齐治平来分类，以优秀家风例说为主，适当提供儒家经典中的相关论述，以此为中华优秀传统家风的理论基础。

（一）中华优秀传统家风的内核——重品崇德的修身之法

中华优秀传统家风非常看重修身，无论是处理家庭事务，还是处世、为官，都离不开个人的修养。修之于身，其德乃真。一个人可以一生不仕，却

---

① 参见周春辉《论家风的文化传承与历史嬗变》，《中州学刊》2014 年第 8 期，第 144 页。

不可以一日无德。《大学》有云："自天子以至于庶人，壹是（一律）皆以修身为本。"这里的"修身"是对个体的基本道德要求，每一个人都是道德的主体，都可以通过修身养性成为道德完人，也就是"人人皆可以为尧舜"。

颜之推在《颜氏家训》名实篇中说："不修身而求个名于世者，犹貌甚恶而责妍影于镜也。"颜之推认为，不修养自身而要求得美好的名声，就像一个形貌非常丑恶的人非要让镜子照出自己的美貌一样。颜氏后代在重刊《颜氏家训》时感慨地说："今亲听祖宗说话，便要商量祖宗是如何期望我，我如何无憾于祖宗；悚敬操持，不徒作语言文字观。"① 足见颜氏后人对于提高自身修养的重视程度。

1. 立志自强

立志乃修身之本，要修身，需先立志。志不立，天下无可成之事。《颜氏家训》勉学篇写道："父兄不可常依，乡国不可常保，一旦流离，无人庇荫，当自求诸身耳。"这与《易经》中"天行健，君子以自强不息"的内涵是一致的。

《易经·蒙》讲："亨。匪我求童蒙，童蒙求我。"亨即亨通，指孩子到了上学的年龄，就应该接受启蒙教育，否则就错过时机了。然而，不是我去求蒙童，而是蒙童来求我。学习的事情，须要自己立志向学，志不强者智不达，靠人强迫是不会有大成就的。

北宋欧阳修 4 岁丧父，母亲郑氏不但自己勇挑家庭重担，还经常教育欧阳修要自立自强。到了欧阳修该上学的年龄，由于家贫买不起纸笔，母亲就用池塘边的荻草秆在地上教他写字，这就是历史上有名的"画荻教子"。欧阳修 10 岁时，常到附近藏书多的人家借书读，甚至抄录。当他得到一本《韩昌黎文集》时，他为韩愈清新的文风所深深吸引，于是他废寝忘食、夜

① 王利器：《颜氏家训集解》，中华书局 1993 年版，第 1 页。

以继日地阅读。在韩愈这部文集的影响下，他决定向韩愈学习，革除当时文坛上的坏风气。由于欧阳修读书刻苦，参加科举时连中三元，后来成为当时的文坛领袖。

《欧氏族谱》记载，欧阳修的后代后来改姓欧，迁居广东乐昌。在康熙、乾隆、嘉庆几朝，欧氏家族获得功名者达二三百人。有一年县试，中榜者全为欧氏，号称“欧半城”。欧阳家族好学之风可见一斑。

“一门父子三词客”，说的是三苏。苏洵 27 岁才发愤读书，经历两次考试失败后，他把自己认为不好的文稿付之一炬，然后从头做起，继续苦读，终成名家。苏轼和苏辙兄弟俩平日的苦读，以及后来的成就，很大程度上是受了父亲“志于学”的熏陶。

2. 慎独自省

“慎独”，即不自欺，就是在独处时也像在人前一样，谨慎不苟。自省，自我反省，就是曾子所说的“吾日三省吾身”。《论语·颜渊》记载，孔子的弟子司马牛向孔子请教怎样去做一个君子时，孔子说：“君子不忧不惧”，又说：“内省不疚，夫何忧何惧?”慎独与自省相依相随，这是一种最高境界的道德自律和高度自觉，是修身最高层次的体现。《曾国藩家书》中提醒家人将慎独自省放在首位。

东汉的杨宝、杨震、杨逢、杨敷祖孙几代，洁身自好清白做人，笃志好学且刚正不阿，显示出极好的家风传承。最为突出的当属杨震的“四知”。

杨宝学识渊博，但拒绝朝廷征召。杨震年轻时，谨遵父亲教诲，专心学习，50 岁才应召做官。赴太守任途中，受杨震举荐做官的县令王密，趁夜晚送十斤黄金作为答谢，以为无人知晓。杨震不但不收，还严厉地说，天知，神知，我知，你知，怎么能说没人知道呢? 其后世子孙为官者，多承祖上清白之风。

宋元之交的许恒也是慎独自省的典型。许恒与人炎夏出行，口渴难忍，同行的人见路边有棵梨树毫不犹豫地就上前去摘梨吃，他们以为梨树没有主人，摘了也不妨碍什么。唯独许恒不去，他说，梨树无主，我心有主。他的言行给后辈做出了很好的榜样。

(二) 中华优秀传统家风的纵向延伸——蒙以养正的教子之方

中华优秀传统家风，在教育子弟注重品德修养方面包含丰富的内容。教子之方是家风最核心的内容之一，可以归入齐家之道，因其内容相对独立，又独具特色，故此单列。

1. 在教育孩子的目的方面，古人颇有见地。

第一，蒙以养正，进德修身。

孔子云："少成若天性，习惯如自然。"就是要求对孩子从小进行正确的启蒙教育，使其养成良好的行为习惯。在孩子还小的时候，只要能识别大人的脸色，能分辨大人的喜和怒了，就应该对孩子进行教育，以便孩子长大后，正确的事情就做，不正确的事情则不做，这样才有利于孩子成人成才。

《易经·蒙》彖辞中说："蒙以养正，圣功也。"意思是，启蒙的目的就是要培养孩子正直的品行，这称得上是圣人的功业。"孟母三迁"的故事我们极为熟悉，孟母把家从墓地搬到集市再搬到学堂，总算把孟轲的心引上了正路，可是，有一天他逃学了，孟母便剪断织布机上即将织好的布，来告诫孟轲，不好好学习，永远成不了人才。孟轲认真思考之后便开始专心学习了。

中华优秀传统家风重视孩子的早期教育，甚至包括胎教。《颜氏家训》就曾引用《大戴礼记》："古者圣王有胎教之法：怀子三月，出宫别居，目不斜视，耳不妄听，音声滋味，以礼节之。"

第二，砥砺志向，读书亲贤。

中华优秀传统家风注重鼓励孩子从小树立远大志向，努力成为对社会有用的人才。许多有识之士都勉励子弟立大志成大器，做有用之人。三国时期的嵇康在《家诫》中提出“人无志，非人也”。明代王守仁《示弟立志说》则勉励其弟树立“为圣人之志”。明末清初理学家朱柏庐《朱子治家格言》中说：“子孙虽愚，经书不可不读。”又说：“读书志在圣贤，非徒科第。”曾国藩曾在家书中提出“但自问立志之真不真耳”。左宗棠在致儿子孝威、孝宽的信中，要他们“读书做人，先要立志”。

家庭是孩子接受道德教育最早的地方。培养子弟读书求学的好习惯，引导他们从小知礼近贤，也是中华优秀传统家风中的一个重要方面。《颜氏家训·勉学》说：“夫所以读书学问，本欲开心明目，利于行耳。”另外，颜之推教育后代，不可为了仕进而谗事权贵。颜之推历仕四朝，皆被重用，他将此归为自己的读书尚学，因此他提出“积财千金，不如薄技在身”的思想，推崇勤、精、博、虚、实的学习方法。

明末清初孙奇逢在《孝友堂家训》中有言：“士大夫教诫子弟，是第一要紧事……余谓童蒙时，便宜淡世俗浓华之念，子弟中得一贤人，胜得数贵人也。”明代东林党首领高攀龙在家训中强调“读书亲贤”、读书“穷理”。清人张履祥在《训子语》中写道：“家之兴替，全不系乎富贵贫贱，存乎人之贤不肖耳。”两处话语不约而同地道出了古人教子的本心，孩子不一定能成为圣贤，但要朝着圣贤的方向教育。

2. 在教育子女的方法上，古人也颇显智慧。

颜之推主张在子女教育上要“严而有慈”，不可“无教而有爱”。他认为宠爱孩子最终会害了孩子；认为对待孩子，无论“贤俊者”还是“顽鲁者”，要“能均”，也就是一视同仁，不可偏宠。这些观点无疑体现了一种思想上的高境界，不但是颜氏家族中正确的教子之方，而且应该成为所有家庭的教子之道。

梁启超在《哀启》中记述，父亲梁宝瑛是一个不苟言笑的人，在孩子面前更加严肃。父亲谨守家风，既严格自律注重修养，又不忘记社会责任。他对儿子寄望很深，经常以“汝自视乃如常儿乎”（你把自己看作是个平常孩子吗?）来激励梁启超做一个出类拔萃的人。梁启超六岁开始在父亲的私塾中读书学习。四书五经之外，父亲还让他读由德国传教士所写的非传统意义上的中国史书《中国史略》以开阔视野。

梁启超育有五子四女（其中三个院士、六个专家，成就堪比“三苏”）。由于时代和视野不同，梁启超在教育孩子方面亦中亦西，体现了传统教育与现代教育的有机结合。他与家人聚少离多，对子女的教育主要靠书信。

在思想品德方面，梁启超自己爱国，也教育孩子们爱国，因此尽管有几个孩子曾在国外学习，一旦祖国有需要，孩子们马上就回国效力。他教育思顺夫妇“要吃得苦”，教育思忠不论在舒服的环境还是困苦的环境都不要“消磨志气”。在学习方面，他鼓励孩子们“莫问收获，但问耕耘”。梁启超曾建议二女儿思庄学生物学，可女儿学了之后感觉老师教得不好，他就写信说：“凡学问最好是因自己性之所近……我所推荐的学科未必合你的式……不必泥定爹爹的话……”他既给孩子提建议，又不强迫孩子必须听自己的，这种作风已经具有了民主倾向。

（三）中华优秀传统家风的横向展开——睦亲勤俭的齐家之道

和为贵，家和万事兴。“亲睦”才能“家齐”，齐家的目的正在于使家庭和睦。浙江省浦江县郑宅镇的郑氏家族在齐家方面堪为典范。这个家族，从南宋建炎初（1127年）开始，就累世同居，同灶而食，人口最多时达三千余人。家族中的一个分支延续了十九代，历三百余年，跨越宋、元、明三个朝代。郑家以孝义名重浙东，明太祖朱元璋曾亲赐“江南第一家”，明建文帝曾御书“孝义家”赐之。

孟子说：“天下之本在国，国之本在家。”齐家思想是中华优秀传统家风的重要内容。齐家，就是对家庭或家族的整治，它既是一个过程，也是一种结果。修身是品德上的自我完善，修养好自身之后就要治理好家庭或家族。

家庭或家族的内部关系较为复杂，既有平辈之间的，如夫妻、兄弟关系等，也有长幼之间的，如父子、祖孙等。

古人普遍倡导长幼有序的家风，有序则不乱，不乱则安。《颜氏家训》兄弟篇第三中说："夫有人民而后有夫妇，有夫妇而后有父子，有父子而后有兄弟。一家之亲，此三而已矣。"宋代袁采在《袁氏世范》中强调"睦亲"。它不仅分析了家庭成员和睦相处对于"兴家""齐家"的重要性，还提出了财产分配方案，甚至提出了不受奴婢仆隶谗言迷惑、避免姑嫂妯娌言行失和等一些保证家庭和睦的具体措施。朱熹则在《朱子家训》中总论家庭关系准则为："父之所贵者，慈也。子之所贵者，孝也。兄之所贵者，友也。弟之所贵者，恭也。夫之所贵者，和也。妇之所贵者，柔也。……见老者，敬之；见幼者，爱之。有德者，年虽下于我，我必尊之；不肖者，年虽高于我，我必远之。"

1. 家庭成员之间的关系处理

(1) 夫妻和顺

《诗经·国风·邶风·谷风》有云："宴尔新婚，如兄如弟"，是说新婚夫妻相处，要像兄弟般亲亲密密，相互友爱互敬互谅。说到夫妻，我们会很自然地想到百年之好、相敬如宾、举案齐眉、相濡以沫、琴瑟和鸣等词语。它们正是中华优秀传统家风中蕴含的夫妻关系之道。

我国古代把夫妻关系看得极重，认为是"人伦之始"和"王化之基"。《周易·序卦传》说："有天地然后有万物，有万物然后有男女，有男女然后有夫妇，有夫妇然后有父子，有父子然后有君臣……夫妇之道不可以不久也。"在君臣、父子、夫妇、兄弟、朋友五种伦理关系中，夫妇关系处在坐标原点的重要位置，纵坐标上延伸出父子关系、君臣关系，横坐标上延伸出兄弟关系、朋友关系。可以说，夫妻关系是各种社会关系中最重要的一种。

在家庭关系中，夫妻关系是最亲密的。清代石成金《传家宝》中说：

“夫妻是五伦之一，最当和睦。即或男女偶有是非长短，亦须彼此包容。要知自己妻室，我要依着她生子孙、接宗祀、主中馈，竭力内助，帮成家业。……”夫妻关系和顺，不仅对整个家庭的和睦起着非常重要的作用，而且对子女的成长以及子女将来的夫妻关系起到潜移默化的影响。

诸葛亮年轻时满腹经纶、风流倜傥，却娶了丑女黄月英。黄月英“才堪配”，这一点正是诸葛亮所看重的。诸葛亮和黄月英算得上一对佳偶，他们的婚姻很幸福。黄月英很贤惠，诸葛亮一生南征北战，她在家操持家务抚养孩子，把家庭打理得井井有条，很好地诠释了“男主外女主内”的传统。

辽代有个叫萧意辛的女子，她的父亲是驸马都尉，母亲是公主。萧意辛20岁时嫁给耶律奴。一次，妯娌们商量用邪法获得丈夫的宠爱，萧意辛认为，用邪法不如用礼法。她所说的礼法就是，提高修养使自己行为合范、侍奉长辈恭敬孝顺、对待丈夫温和柔顺、对待晚辈宽宏大量。耶律奴遭诬陷被流放，因萧意辛是公主的女儿，皇帝想让她离婚。萧意辛认为，夫妻之间应生死相随患难与共，丈夫有了危难自己就离开的做法很不道义，那样做无异于禽兽。于是，她跟随丈夫到达流放之地。尽管生活困苦她却毫无怨言，反而对丈夫更加恭敬。

(2) 孝悌之风

《论语·学而》中有这样一段话：“其为人也孝弟，而好犯上者，鲜矣；不好犯上，而好作乱者，未之有也。君子务本，本立而道生。孝悌也者，其为仁之本与！”孝悌不仅是求仁之本，同时也是齐家之本。

①孝

曾国藩说：“读尽天下书，无非一孝字。”

在我国古代，孝的观念经历了一个不断发展不断丰富的过程，可以说，儒家学说的创立，是中国传统孝道观发展史上一个重要的里程碑。周朝以前，人们对待祖先的态度是感恩戴德、敬若神灵，此时的孝表现为单一而且盲目的祖先崇拜。这种崇拜在维系宗族团结稳定中，发挥了极为关键的作用。孔子继承和发扬虞舜之道，对传统孝道精神进行了全新的诠释，使传统孝道成为一个哲学伦理体系。

《孝经》中说："天地之性，人为贵。人之行，莫大于孝。"意思是，天地万物之中，人类最为尊贵。人类的行为，没有比行孝道更为重大的了。《说文》对"孝"的解释是："孝，善事父母者。从老省，从子，子承老也。"从历史上看，孝有两个层次：一是侍奉父母以养老；二是继志述事以成家业。《论语·为政》记载，孔子给子由讲解孝时说："今之孝者，是谓能养。至于犬马，皆能有养；不敬，何以别乎?"真正的"孝"，仅有"养"是不够的，要做到以"养"为基，"顺"而有度，以"敬"为上。

孝顺，指对父母之命，顺而从之。但顺亦有道，不可一味盲从。出自《孟子·离娄上》的"不孝有三，无后为大"常被人误解为：不生孩子，不能传宗接代，是最大的不孝。汉代经学家赵岐在《十三经注疏》中对孟子的话做了合理的注释："于礼有不孝者三事，谓阿意曲从，陷亲不义，一不孝也；家贫亲老，不为仕禄，二不孝也；不娶无子，绝先祖祀，三不孝也。"赵岐认为，一味无条件地盲从父母，对父母的过错也"阿意曲从"，会使父母陷于不仁不义之地，这是第一不孝；第二不孝是，家庭贫困，父母的年龄也越来越大，子女却不愿意外出工作，挣钱养家；第三不孝是，不成家立业，不养育儿女，断绝了后代。赵岐认为，无条件地顺从父母，陷父母于不义，才是第一大不孝。

在"曾子耘瓜"的故事中，孔子给我们讲了不可"愚孝"的道理。

曾参给瓜地除草时，误锄了瓜秧的根。父亲曾皙大怒，用棍子打曾参的脊背，把曾参打得昏厥了过去。曾参苏醒后，回到房间弹琴唱歌，想让父亲听后知道自己身体没事。孔子听说后非常生气，告诉弟子们说，曾参来后，不要让他进门。曾参不明所以，请人向孔子打听原因。孔子说，舜的父亲要打舜的时候，假如拿的是小棍子，舜就挨两下，假如是大棍子，舜就跑掉了。大棍子打死自己了，会陷父亲于不义的。

孔子认为，事事顺从父母不一定是真正的孝，父母做事欠妥时，子女要有清醒的认识，并且要敢于力争，这样才不至于陷父母于不义之中。儒家的另一个大师荀子总结为："从义不从父，人之大行也!"顺从道义而不是顺从父亲，这才是子女做人的最高准则，是儒家所谓"孝顺"的真正大义所在。

对父母的孝，并不只是养活他们就行了，要以严肃（敬）的态度孝顺父母。《论语·里仁》中，孔子说："父母之年，不可不知也。一则以喜，一则以惧。"就是要我们时时记着父母的年龄，一方面为父母的高寿而高兴，另一方面又因父母的高寿而恐惧。

百善孝为先，论心不论迹，论迹寒家无孝子。真正的孝，绝不仅仅是在物质上满足父母的需要。真正的孝是以敬为核心的，敬在孝中，郯子的一杯鹿奶，子路的一袋米，陆绩的几个橘子，蔡顺的几个桑葚，在我们看来都是孝。

孝是可以传递的。周文王对父亲非常孝顺，每天早中晚都问候父亲。武王对文王也非常孝顺，一次武王服侍生病的父亲，连续十二天不脱衣帽，至诚感通，文王的病很快就好转了。

《论语·为政》中说："生，事之以礼；死，葬之以礼，祭之以礼。"孔子主张，父母活着的时候，要依礼侍奉他们；死了，要依礼埋葬、依礼祭祀。在这里，孔子再三强调的是无论父母在世与否，都要"依礼"尽孝。《论语·里仁》中说："三年无改于父之道，可谓孝矣。"说的是父亲去世后，对父亲在世时的合理部分，长期坚持而不加以改变，就可以说做到孝了。这一点，司马迁做得非常好。

《孝经》有言："身体发肤，受之父母，不敢毁伤，孝之始也。立身行道，扬名于后世，以显父母，孝之终也。"《史记·太史公自序》记载，司马迁父亲司马谈临终前拉着司马迁的手哭着说："余死，汝必为太史；为太史，无忘吾所欲论著矣。且夫孝始于事亲，中于事君，终于立身。扬名于后世，以显父母，此孝之大者。"司马谈希望自己死后，儿子继续撰写史书，完成自己未竟的事业，这才是大孝。司马迁把父亲遗言当作尽孝的人生信条，同时这些话也成为他含垢忍辱活下去完成《史记》写作的强大精神动力。

从黄帝到夏商，司马氏家族世代为史官，到战国时逐渐失去家学传统，或习武或经商。司马迁祖父司马喜以捐粮获得爵位，成为贵族。司马喜的儿子司马谈年轻时便以一种强烈的使命感，立志要撰写一部通史。

司马迁 10 岁便跟随父亲学习古文，后跟董仲舒学习《春秋》，跟孔安国学习《尚书》。司马迁 20 岁时，从京师长安南下漫游，考察风俗，采集传说，积累了大量的宝贵史料。正当他踌躇满志，一心修史之时，却因替李凌辩解以"大不敬"之罪被打入死牢。在狱中，司马迁备受凌辱，几断性命。死不足惜，父亲遗愿未完成终是遗憾，于是他忍辱偷生，用时六年，完成了被誉为"史家之绝唱，无韵之离骚"的《史记》。

②悌

悌最初是一种单向的关系。孟子说："义之实，从兄是也。"也就是，弟弟要敬爱兄长。后来多指双向的"兄友弟恭"，也就是哥哥关爱弟弟，弟弟敬重哥哥。在这方面，孔融让梨堪为典范。孔融选择小梨的理由是，自己比哥哥小，应该拿小的，自己又比弟弟大，也应该拿小的。这两个"应该"蕴含的正是既敬重哥哥又关爱弟弟的美好品德。

古代家庭中往往兄弟众多，能真正做到兄友弟恭的，则家庭关系和谐而长久。反之，兄弟之间为利益而你争我夺的，则多以败家而终。陶侃家族的兴衰可为教训。

陶侃家族由兴到败的过程，便是一个绝好的例证。陶侃幼年丧父，家境贫寒却有大志。由同郡孝廉范逵举荐，陶侃正式进入仕途。凭借卓越的军事才能，陶侃最终跻身士族，成为手握八州军权，掌控东晋半壁江山的重臣。陶侃一生共育子 17 人。他去世后，儿子中最有实力的陶夏、陶斌，并不急着奔丧，而是抢夺家产。陶斌先到，为陶夏所杀，随后，陶夏也神秘暴死。其他的儿子，有的自相残杀，有的被士族集团处死，陶茂无心争夺财产，带着家人隐居去了。

陶茂的孙子陶潜总结先人教训，临终以《与子俨等疏》告诫儿子们："汝等虽不同生，当思四海皆兄弟之义。鲍叔、管仲，分财无猜；归生、伍举，班荆道旧。遂能以败为成，因丧立功。他人尚尔，况同父之人哉!"陶渊明希望孩子们和睦相处，切不可因财产而兄弟不和。

2. 家庭成员需共同遵循的风尚

(1) 勤俭之风

勤与俭，是中华优秀传统家风的重要内容。清朝医学家、作家石成金说："勤俭两件宝，犹夫阴阳表里，缺一不可。勤而不俭，譬如漏卮。虽满积而亦无所存；俭而不勤，譬如石田，虽谨守而无所获。须知勤必要俭，俭必要勤。"勤俭二字密不可分，勤为创造，俭可积累；勤能生财，俭则聚财。

晚唐诗人李商隐《咏史》诗中说："历览前贤国与家，成由勤俭破由奢。"曾国藩认为勤俭乃兴国兴家之本，因此他把勤俭二字作为治家的首要原则，他说："历览有国有家之兴，皆由克勤克俭所致。其衰也，则反是。"他还在给弟弟们的信中多次提出要谨记勤俭教诲，比如："一家能勤能俭，虽乱世亦有兴旺气象；一身能勤能俭，虽愚人亦有贤智风味。"

①天道酬勤

一勤天下无难事，不管什么时候，勤都是创造财富和美好未来的万能钥匙。"民生在勤，勤则不匮"，对于一个家庭来说，人勤则家庭兴旺。纵观史上名门望族，能传承久远的，无一不持一"勤"字。

勤于劳动。《曾国藩家训·八本堂》中说："治家以不晏（晚、迟）起为本。”曾国藩不仅本人克勤克俭，还要求家人“男必耕读、女必纺织”。身居高官后，他仍然要求子弟们不得有官气，出行不坐轿，取水添茶自己动手；读书之余要亲自拾柴、收粪、种田。曾国藩之后的200多年里，曾氏后裔绵延十余代，没有一个“败家子”，其中有成就者200余人，且多为所在领域的精英，这些成就与其勤劳家风息息相关。

曾家的女子也都很勤劳。《曾国藩家书》中说：“新妇始至吾家，教以勤俭。纺织以事缝纫，下厨以议酒食。此二者，妇职之最要者也。”他任南京总督时，夫人和儿媳们每天坚持织麻纺纱。他的穿戴，也都是夫人、媳妇和女儿为他缝制。

勤于学习。韩愈在《进学解》中说：“业精于勤，荒于嬉。”勤于业，恰是韩氏家风的真实写照。韩愈的父亲韩仲卿勤学苦读，官至秘书郎，曾编纂《曹植文集》。韩愈3岁丧父，由长自已40多岁的哥哥韩会抚养。韩会同时担起兄长及父亲的责任，他自己勤奋学习，也努力培养韩愈。韩愈13岁时，哥哥去世，他便由长嫂抚养。韩愈倍加珍惜嫂子提供的学习机会，更加刻苦学习。长大成人后，他更重视以自已勤学的亲身经历教导子孙。在他的教导下，儿子韩昶、侄孙韩湘，都勤奋好学，且都有所成就。

②俭以养德

勤是积累，有利于物质财富上量的增加；俭是节约，有利于减少浪费。俭与勤密不可分，共同成为中华优秀传统家风的重要部分。

对于贫困家庭来说，节俭无疑显得非常重要；对于富有的家庭，节俭同样不可或缺。因为俭不仅仅是物质上的节约，更是一种被人推崇的可贵品质和美好德行。

诸葛亮家族堪称以俭养德的典范。诸葛亮出生时，诸葛家族已有200多年的历史。在这200多年中，诸葛家族世代有人为官，“俭以养德”的家风也一直传承着。诸葛亮的先祖诸葛丰，西汉末年曾任司隶校尉。当时贪官污吏横行，他却谨守家风，与贪腐对抗，因此得罪皇帝被贬为庶人，但他却以倡俭守俭的高尚品行名垂青史。诸葛亮“躬耕于南阳”时，过着清苦的耕读生活。这种清苦后来成就了他治家以及做蜀相后以俭治国的方针。诸葛亮是我国历史上第一个主动自报家产的丞相：“成都有桑八百株，薄田十五顷，子弟衣食，自有余饶。”他还在《诫子书》中明确要求儿子，修身以静，养德以俭，成君子之行。

北宋政治家司马光提倡节俭。日常生活中，司马光在饮食上经常粗茶淡饭，不常吃肉；穿素衣粗布，而不常穿绫罗绸缎。他还在写给儿子司马康的《训俭示康》中说：“众人皆以奢靡为荣，吾心独以俭素为美。……顾人之常情，由俭入奢易，由奢入俭难。”又说：“汝非徒身当服行，当以训汝子孙，使知前辈之风俗。”司马光深知节俭对一个人，甚至一个家庭、一个家族保持道德操守的重要性，也深知奢靡作风对于人的精神上的严重腐蚀作用。所以他不但自己俭素，要求儿子俭朴，还让儿子教导子孙后辈，把俭朴家风传承下去。

明清之交的朱柏庐教育子女：“一粥一饭，当思来之不易；半丝半缕，恒念物力维艰。”梁启超提倡“寒士家风”，并以此诫勉子女。他认为，“寒士家风”不仅意味着物质上的要求低，更是一种极好的精神修养。在加拿大留学的大女儿梁思顺有一次抱怨生活艰苦，梁启超写信给她：“你是寒士家风出生，总不要坏自己家门本色。至于快乐与否，全不是物质上可以支配，能在困苦中求出快乐，才真会打算盘哩！”

③俭而不吝

戒奢从俭，成业之道。“俭”本意为简朴节约，不奢侈浪费。汪辉祖在《双节堂庸训》中提出：“‘节用’云者，非不用也。特不宜妄用耳。”当俭则俭，不当俭则不俭，节俭绝非吝啬。

范仲淹是唐朝宰相范履冰之后，官至参知政事，他的名言“先天下之忧而忧，后天下之乐而乐”更是广为流传。范仲淹两岁时父亲去世，家境贫困至读书时“划粥断齑”。正是这段经历使他不但养成了勤俭节约的习惯，更使他关心人民疾苦，不忘“先忧后乐”的初心。

范仲淹的节俭突出表现在儿子的婚事上。有人给长子范纯祐提亲，发现堂堂宰相之家，吃的竟是粗茶淡饭，穿着也只是土布衣衫。次子范纯仁未过门的媳妇，在范仲淹婚事简办的提议下，放弃昂贵的家具和华丽的衣服，只自己做了顶绫罗蚊帐带到夫家。三子范纯礼想借结婚的机会买两件好衣服，父亲以节约和结婚并不矛盾为由婉拒。

范仲淹虽节俭如此，但他却绝不吝啬。一次，长子范纯祐奉父命往苏州买粮，返至丹阳，得知父亲好友石曼卿生活贫困，连饭都吃不饱，就将所购粮食悉数救助，自己空手而归。范仲淹知道儿子这样做后，不但没有批评他，还夸他做得对。皇帝赐黄金百两，范仲淹都用来周济穷人和买地办学。范仲淹每到一地为官，都注重发展教育。担任苏州知州时，范仲淹准备建宅安顿家小，得知所购是块风水宝地，毅然让出建成学校。他说，与其自己独占，不如让世人在此接受教育。苏州府学建起之后，他聘请渊博之士任教，苏州一地文教大兴，状元辈出。

范仲淹晚年将所买千亩良田悉数捐出，成立“范氏义庄”，由族人共有共管，既周济族人，也周济其他穷人。次子范纯仁“位过其父，而几有父风”，他将义庄田产扩展到三千余亩，为确保“义庄”能长久地发挥扶危济困的功能，还将父亲所规定的十三条规矩完善到二十八条。“范氏义庄”存在了八百多年，到民国时期，义庄所拥有的田地已多达五千余亩。范氏家族秉承勤俭家风，慷慨济世，与范仲淹创立的义庄一道，长盛不衰。

（2）忠厚之风

立业先立德，做事先做人。个人修养是立身、立行、立言的根本，更是一个家庭或家族传承久远的根本所在。忠厚，忠诚、厚道，是齐家的重要原则。“刻薄成家，理无久享”，而忠厚做人历来被当成做人最基本的道德素养。为人忠厚，不仅能反映出一个人的思想品德修养，而且能反映出这个人的人生态度，进而能反映出这个人所秉承的家风。

曾子曰：“吾日三省吾身——为人谋而不忠乎？与朋友交而不信乎？传不习乎？”曾子每天多次反省自己的三件事中，就有两件和忠诚有关。忠诚，是一个人内在的优秀品质，具体表现为：无论对谁，言行一致、尽心竭力地把事情做好。其实，忠诚首先是对自己的忠诚，是一种不欺己也不欺人的发自内心的信仰，是一种无私无悔、不计回报的付出。它可以外化为对人民、对国家的忠诚。厚道，是待人诚恳、宽容，不刻薄。厚道的人实在、包容、表里如一，有容人之心，有纳人之量。

①忠厚仁善

《孟子·公孙丑上》中说：“取诸人以为善，是与人为善者也。故君子莫大乎与人为善。”孟子认为，在君子的品行中没有什么比与人为善更加高尚的。

中华优秀传统家风历来把与人为善视为君子之美，因为它体现着一个人的人生态度和道德修养。忠厚与仁善唇齿相依，忠厚之人必仁善。一个家庭或家族，与人为善、行善积德，就能长盛不衰，传承久远。忠厚仁善之家，人皆敬之，天亦佑之。《易》云“积善之家，必有余庆”，就是这个道理。

司马光也注重仁善家风的培育。他认为，积攒金钱留给子孙，子孙未必能守住这份家业；积攒书籍留给子孙，子孙未必能读它们；为子孙长久而计，不如教他们行善积德。《了凡四训·积善之方》中记载，浙江人杨自惩在县衙做小官，见县令鞭打囚犯，“血流满前，而怒犹未息”，便跪下来替罪犯求情。虽然杨自惩“家甚贫”，但他和妻子“遇囚人乏粮，常多方以济之”。由于杨自惩夫妇积德行善，家风熏陶之下，子孙耳濡目染皆受其益，终至家族昌盛。他们的两个儿子杨守陈、杨守址做到了南北吏部侍郎，长孙为刑部侍郎，次孙为四川廉访使，后代多有令名。

明代思想家袁了凡的《了凡四训》被誉为“东方第一励志奇书”。这本书除了告诉我们自强不息可以改变命运，还列举了“成人之美”“与人为善”“劝人为善”等十种行善方法。袁氏家族把忠厚仁善作为家风的重要内容，将积善积德之风世代传承。他本人更是深受家风影响，一生行善。

袁家本是地方大户，素有仁善之风，先祖杞山学问高深却不慕仕进，兴趣只在引导身边人行善积德上。杞山曾经与同好成立专门的慈善组织，义务帮助乡民，倡导仁善。杞山的儿子袁颢（了凡的爷爷），有学识，同样不慕仕进。他选择在民间行医，不仅给人治身体之病，更注重引人积德向善，治疗德行上的毛病。他曾经给一个不孝之人看病，称其脉象中有不孝之症，需行孝向善免除灾祸。在袁氏家训《庭帏杂录》中，一反普通家训中教训子孙的常规，把先辈的仁善之举一一记录，宣扬忠厚仁善的家风，以激励后代。

忠厚仁善家风深深滋养着袁家每一个人。沈家与袁家不睦，当袁了凡的父亲得知沈家有人重病，不计前嫌，主动上门诊治。袁了凡的继母李夫人十分节俭，经常将余钱接济穷人，此时她带头为沈家捐款。后来沈袁两家成为世交。李夫人将家里所有的孩子都视如己出，了凡父亲去世后，她每年按时带着孩子们去祭奠他们的生母，并担起教育所有孩子的责任。

“志在天下国家，则善虽少而大；苟在一身，虽多亦小。”袁了凡先生把传承行善积德、不计回报的忠厚家风当作自己的责任和使命，对后世产生了深远的影响。他认为出仕为官，能救助更多的人，影响更多的人积德行善。于是，他以 54 岁高龄考中了进士，56 岁做了宝坻知县。有一年，宝坻大涝致百姓流离失所，他带头捐赠，并上书朝廷请求减免赋税。宝坻有大面积盐碱地，他带领百姓成功引种耐盐碱水稻，使辖区成为北方重要水稻产区。在审理诉讼时，他秉公断案，不使一人受冤。他还经常给囚犯讲行善得福、作恶得祸的道理。袁了凡治理宝坻五年，政通人和，人口、土地、粮食均大幅增加。

袁了凡要求儿子袁俨日日知非日日改过，多多行善，积善成德。袁俨中进士后，出任广东高要县令。天启七年夏秋之际，高要水灾，城中水深三尺，袁俨奔走救灾，竟逝于任上，年仅 47 岁。归葬时，“士民市咟，巷哭如丧所生”。

家风的形成是个不断积累的过程。袁氏家族只求付出、不图回报的忠厚仁善家风，是袁氏子孙用实际行动一点一点积累起来的。这一家风不但影响着袁氏族人，更影响了一批又一批的有志之士。曾国藩改号“涤生”，就是受了袁了凡先生的影响。涤者，涤其旧染之污也；生者，取了凡之言“从前种种，譬如昨日死，以后种种，譬如今日生也”。

②忠厚仁恕

《论语·卫灵公》记载，子贡问孔子：“有一言可以终身行之者乎?”孔子回答说：“其恕乎！己所不欲，勿施于人。”孔子认为，假如有一个字可以终身奉行，这个字只能是“恕”，也就是自己不想要的，绝不强加给人。“恕”是宽容、宽恕的意思，至今仍是人们终身奉行的美德。

《资治通鉴》有云：“宽厚清慎，犯而不校。”意思是：为人宽厚仁恕，清正持重，即使有人冒犯了自己，也不去报复。践行忠恕之道，就要换位思考、推己及人。在这方面，北宋名相王旦家族堪为代表。

王旦出身官宦世家，家族中在朝为官者甚众，大都以公正清廉为人称颂，故其家族所居之地号曰“群贤堡”。王旦的曾祖父王言官至尚书令兼中书令，祖父王彻官至左拾遗，二人均廉洁奉公、忠厚勤勉。父亲王祜官至兵部侍郎。王旦的哥哥王懿和弟弟王旭均德才兼备，为官清正廉洁，政绩卓越。王旦本人自幼聪颖好学，但沉默寡言，不以才华为耀。王祜晚年预言次子王旦当至公相，并庭栽三棵槐树，以为见证，后果如其言。王旦要求后代每六十年修一次家谱，详细叙述先祖德行和仁恕忠厚家风，以缅怀祖德，激励后人。苏轼曾应邀做《三槐堂铭》，述说王氏家族忠厚之风。

大名府武将符彦卿被告谋反，宋太祖赵匡胤要王祐去除掉他，并许以宰相之位。王祐知道赵匡胤纯属猜忌，而且如果符彦卿获罪，将株连一千多人。他查明真相，发现符彦卿是受手下人蒙蔽，致政务散乱，并未图谋不轨。他没有盲从皇上旨意，而是以仁厚为念据实禀告，以全家性命担保符彦卿无罪，并上疏劝谏皇上不可滥杀无辜。尽管王祐没做成宰相，还被贬为地方官，但符彦卿及一干无辜人等因此免罪。

王旦任平江知县期间，关心民众、体察民情，注重道德教化，百姓安居乐业。转运使赵昌言见王旦做事勤勉政绩出色，又心胸开阔为人低调，断定此人将来必有成就，于是把女儿嫁给了王旦。王旦辅佐宋真宗十八年，官至丞相，其间政治清明、天下太平，他因此被人称为“太平良相”。

王旦曾和岳父在同一机构任职，为直属上下级。岳父为参知政事，王旦为同判吏部流内铨，负责官员考课。王旦主动辞职，改做修撰工作。做宰相后，王旦为了避嫌，坚持不让亲属在朝廷担任要职，可他却推荐给皇上许多栋梁之材。族人早已将忠厚家风根植于心，对王旦此举毫无怨言。家中宾客知道王旦一心为公，也无一人为私利请求照顾。

受忠厚仁恕家风影响，王旦做宰相期间，为了朝廷大局不谋私利，对朝臣的过错能以大度相容。在皇上面前，寇準多次陈说王旦的缺点，王旦却极力称赞寇準的长处。寇準被免去枢密使之后，请王旦帮忙谋“使相”之位。王旦当面回绝，却在皇上面前加以推荐。寇準大感意外，惭愧难当，对王旦由衷敬佩。

(3) 和待乡曲

人不可能生活在真空之中，家庭以外，与邻里低头不见抬头见，处理好邻里与乡亲之间的关系，对于一个家庭或家族来说非常重要。清代蒋伊在《蒋氏家训》中说：“和睦邻里族党，勿听家人及妇人言致争。”浙江浦江郑家《郑氏规范》这样叮嘱族人：“当以和待乡曲，宁我容人，勿使人容我。”

曾国藩也认为远亲不如近邻，富贵之家不可敬远亲而慢近邻。他这样告诫家人：“有钱有酒款远亲，火烧盗抢喊四邻。”历史上流传甚广的“六尺巷”的故事更是给世人树立了处理邻里关系的榜样。

（四）中华优秀传统家风的平面延展——治国

《论语·为政》记载，有人问孔子为什么不参与政治，孔子反驳说：“《书》云：‘孝乎惟孝，友于兄弟，施于有政。’是亦为政，奚其为政?”孔子认为，参与政治不一定非要做官，把孝顺父母、友爱兄弟的风气延伸到政治上去，也就是参与了政治。

孔子的说法，其实就是中国古代社会的“家国同构”理念。国是家的延伸，家庭或家族的血缘关系原理直接上升为社会关系和国家政治关系原理。因此，中华优秀传统家风与国家的道德标准、社会风气几乎是完全一致的。

中华优秀传统家风也特别注重对子孙进行为官之道的教育，强调在家里要做孝子，在朝廷上就要做忠臣。在特殊的历史时期，由于社会环境的影响，家庭伦理中的“孝”上升为“忠”，便生出了一心为公、舍小家为大家、“精忠报国”的民族气节，凝结着深厚的爱国主义情感。《论语·学而》中，有子说：“其为人也孝弟，而好犯上者，鲜矣；不好犯上，而好作乱者，未之有也。”一个人在家能够孝亲悌长，在社会上一般也不会违法犯罪，这自然有利于社会的和谐稳定。

中国古代的许多官员都注重对子女进行为官方面的教育，这些教育也作为他们的家风传承了下去。以宋代为例：

北宋杰出的思想家、政治家、文学家范仲淹在《告诸子弟侄》中说：“惟勤学奉公，勿忧前路，慎勿作书求人荐拔，但自充实为妙。”与范仲淹同时代的司马光在《与侄书》中告诫子侄：“不得恃赖我声势，作不公不法，搅扰官司，侵陵小民，使为乡人此厌苦。”南宋诗人吕本中在其所作的《官箴》中讲：“当官之法，唯有三事，曰清、曰慎、曰勤。知此三者，则知所以持身矣。”“清”，即公正廉洁、两袖清风；“慎”，即周密考虑、谨言慎行；“勤”，即勤奋好学、刻苦上进。知道了这三项原则，遇到事情就知道如何取舍了。南宋著名理学家朱熹告诫子孙：“官无大小，凡事只是一个公字。若公时，做得来也精彩。便若官小，人也望风畏服。若不公，便是宰相，做来做去，也只得个没下梢。”

二十四孝“扇枕温衾”中的黄香，东汉时人，9 岁丧母，他“躬执勤苦，事父尽孝。夏天暑热，扇凉其枕簟；冬天寒冷，以身暖其被席”。黄香对父亲的孝敬，后来就上升为对国家的忠。黄香 12 岁时，因孝义之名被召为吏，主要负责发掘、褒奖和宣扬孝道的事务。黄香在太守帮助下，获得读书机会，后来以“天下无双，江夏黄童”名闻天下。成年后受命于朝廷，因其忠诚敬业累迁至尚书令。黄香去世后，其子黄琼依礼为父尽心守孝，期满仍不忍离去。朝廷屡次征召，才勉强为官。黄琼继承了父亲忠诚、敬业的精神，处事清廉，赢得皇帝信赖，也官至尚书令。黄香家族，传承“孝廉”家风，满门忠孝清廉之士。

北宋名臣包拯一生清廉公正、不畏权贵，这种清正刚直之风一直影响着包氏后人。包拯训诫：“后世子孙仕宦，有犯赃者，不得放归本家，死不得葬大茔中。不从吾志，非吾子孙也。”在他之后，包氏家族后代 300 多户、1500 多人，没有一人贪赃枉法。这对于构建风清气正的社会环境做出极大的贡献。

在中华优秀传统家风中，修身主要是针对个人，是一种自身修养的提升；教子是为了家族更好地延续、家风更好地传承；齐家针对的是一个家庭或家族，是对一个集体内部全体成员的激励与约束；治国则是以修身为圆心、教子为纵轴、齐家为横轴的一个圆。

中华优秀传统家风的内容丰富多彩，这里所提的一些仅仅是沧海一粟，还有待于进一步深入挖掘。

第二章　家书

家书，是中国古代文苑中一道靓丽的风景，是书信文体中最具特色的一种文学形式之一，作为中华优秀文化的组成部分，它承载着中华民族生生不息的亲缘文化，维系着人们的亲情，记录着中华民族时代的变迁。家书有着几千年的历史，其中不乏脍炙人口的名篇佳作。它们有着丰富的内容，很深的思想见地，其中有许多格言警句，至今仍为后人所称道。

第一节　家书史话

“家书”一词最早见于西汉，原意指家藏之书。汉代经学家孔安国在《尚书·序》中写道：“及秦始皇灭先代典籍，焚书坑儒，天下学士，难逃解散，我先人用藏其家书于屋壁。”① 这里的“家书”便是指家藏的书籍。近代思想家梁启超在《谭嗣同传》中写道：“且携所著书及诗文、辞稿本数册、家书一箧，托焉。”② 其中的“家书”也是指家藏的书籍。书信意义上的“家书”一词，则见于三国时曹丕的《典论·太子》。其文曰：“欲繁辞博称，则

---

① ［汉］孔安国：《〈尚书〉序》，见李学勤主编《十三经注疏·尚书正义》，北京大学出版社1999年版，第11页。

② 梁启超：《谭嗣同传》，见《谭嗣同全集》，生活·读书·新知三联书店1954年版，第524页。

父子之间不文也；欲略言直说，则喜惧之心不达也。里语曰‘汝无自誉，观汝作家书’，言其难也。”① 曹丕感慨家书写作之难，可见“家书”的书信含义，至少在曹丕以前就已经出现。

家书的概念本来比较宽泛，只要是家人之间的书信都可以称为家书。可是到底怎样的文献才算是家书？这确实是一个仁者见仁、智者见智的问题。在笔者看来，家书作为一种特殊的书信形式，首先是建立在家庭成员之间的一种文学形式。以婚姻血缘关系为联系的基本单位，便是我们通常所指的“家庭”，“可以把家定义为以男女婚姻关系为基础的父母子女在一起劳动与生活的组织，家既指个人家庭，也指同姓亲属，合称家门”②。这样看来，我国的家庭与家族是紧密联系在一起的，而家族与家庭基本是一体的。

关于书信的起源问题，《文心雕龙・书记》中说“三代政暇，文翰颇疏，春秋聘繁，书介弥盛”③，这让很多学者对“春秋说”情有独钟。刘勰此句说的乃是书信发展逐渐兴盛时的情况，而“书介”更是类似于今日的邮递人员，意思是说春秋时期交往频繁的需要催化了书信的发展，但并未涉及书信的起源问题。“书信作为人与人之间交际的手段，它的产生是很早的。”④ 至于具体早到什么时间，当代古典文学家赵树功认为：“尺牍的源头，暂不可考。”⑤ 目前考古界发现最早的通信文字是传递军事消息的甲骨卜辞，但在以家庭为基础单位的人类社会中，家庭成员间的文字通信是否早于这类“公文”尚难定论。

---

① ［清］严可均辑：《全三国文》，商务印书馆 1999 年版，第 81 页。

② 徐少锦、陈延斌：《中国家训史》，陕西人民出版社 2003 年版，第 45 页。

③ ［南北朝］刘勰：《文心雕龙・书记》，见周振甫著《文心雕龙今译》，中华书局 1986 年版，第 229 页。

④ 褚斌杰：《中国古代文体概论》，北京大学出版社 1990 年版，第 389 页。

⑤ 赵树功：《中国尺牍文学史》，河北人民出版社 1999 年，第 3 页。

在文字产生之前，相隔两地的家人要互通信息，一般都靠第三人口头转达，故称为“口信”。“口信”虽不能算严格意义上的家书，但也具备向家人报平安、交流信息、表达情感的功能。唐代诗人岑参《逢入京使》中云：“故园东望路漫漫，双袖龙钟泪不干。马上相逢无纸笔，凭君传语报平安。”①对于未接受文化教育的人来说，除了找人代写家书，托人“捎口信”也是一种常见的联系方式。

传递“口信”虽然便捷，但口说无凭，同时，为了避免遗忘和差错，也为了更好地取信于对方，“实物信”便应运而生。实物信可以说是人类最早的有形信件，在离别两地的家庭成员之间，用各种各样有象征意义的实物作为交流思想感情的工具便顺理成章。但是实物通信有许多不便之处，尤其是大的物件或是某些具有抽象意义的信息就无法顺利传递。由于实物信的种种不便，在通信史上还出现过“结绳信”等其他信息传递载体。结绳记事时代远远早于文字产生的时代，这个时期人们还尝试使用图画信，比如在树皮、兽皮、树叶或石板上画下各种实物图像，以此来传递信息。早期家庭成员之间口头信、实物信、结绳信、图画信等虽难称为真正意义上的“家书”，但其中的图画信已初步具备符号性特征，从某种意义上讲，这些图像符号可以称得上是文字的雏形；家人间的“符号信件”，可以说是家书的胚胎或原始形态。“随着一些符号的反复使用，及先民在使用原始记事方法中经验的积累，文字终于孕育而生。”②

由此可见，真正意义上的家书萌芽于文字产生之后，它是与文字信息代替符号信息同步出现的。文字信息的传递必然催化书写载体的发展，家书的

---

① ［唐］岑参：《逢入京使》，见［清］曹寅、彭定求编纂《全唐诗》（扬州诗局本）卷201，第62首。

② 张岱年、方克立：《中国文化概论》，北京师范大学出版社1994年版，第145页。

产生与发展自然也依托于此。

一、先秦——家书的发轫期

从现存的历史资料看，先秦时代已经有某些书信文献保存了下来。姚鼐在《古文辞类纂》中说："书说类者，昔周公之告召公，有《君奭》之篇。春秋之世，列国士大夫或面相告语，或为书相遗，其义一也。战国说士说其时主，当委质为臣，则入之奏议；其已去国，或说异国之君，则入此编。"①以此，姚鼐认为《尚书·君奭》是现存最早的书牍文献。同样，曾国藩在《经史百家杂钞》里也有相类论说："书牍类，同辈相告者。经如《君奭》及《左传》郑子家、叔向、吕相之辞皆是。"② 当代研究者认为"从传世文献角度考虑，《君奭》出于《尚书》，言其'最早'，自当成理"。可见《君奭》作为西周初年的诰词，可以说是书牍文学的文献始祖，但是因为其公文特性及人物身份的特殊，依然无法定位为私人书信的滥觞。

从物质层面上说，甲骨文时代以龟板及牛肩胛骨为书写材料，内容多限于卜辞；青铜时代，以钟鼎为材料，以青铜钟鼎为书写材料，内容多为记录战功、大事，这个时代的书信传播载体决定了私人书信的匮乏，家书自然鲜见。到了春秋战国时代，竹简、木牍、缣帛成为主要书写材料，其中缣帛已然被广泛作为书写载体。其法如下：把信写在一种又轻又薄的丝绸——缣帛上，这种丝织品多为白色，写信用的缣帛长约一尺左右，写成的信便叫作"尺素书"。古乐府诗《饮马长城窟行》写道："客从远方来，遗我双鲤鱼。呼儿烹鲤鱼，中有尺素书。"③ 据说这种"尺素书"是把写好的信笺夹在两块刻成鲤鱼状的木块之间，故又称作"鱼书"。

---

① ［清］姚鼐：《古文辞类纂》，上海古籍出版社 1998 年版，第 6 页。

② ［清］曾国藩：《经史百家杂钞》，岳麓书社 1987 年版，第 2 页。

③ 曹旭：《古诗十九首与乐府诗选评》，上海古籍出版社 2002 年版，第 96 页。

由于“尺素书”造价不菲，我们的祖先就用竹子和木板作为书写的工具，即用竹或木刮削成一条条狭长而又平滑的薄片，用以书写。这些用来书写的竹子称为竹简，木头称为木简，或称牍。用来写信的木简通常三寸宽、一尺长，所以人们就把信称为“尺牍”。

由于尺素书的造价较高，木牍较重难以携带，导致先秦家书的文献材料数量少、篇幅短，真伪难辨。其一，家书的主要内容包括敕戒子孙、商讨国事、互报平安、交代琐事等，其中以敕戒子孙为主，内容比较单一；其二，先秦家书大都语意清晰、直接，简洁明了，呈现出了“辞若对面”的特点。世界上现存的最早的家信是1975年在湖北省云梦县城关西郊睡虎地4号墓出土的两件木牍，就是这种特点的典型代表。木牍的正反两面都有文字，今摘录如下：

黑夫寄益就书曰：遗黑夫钱，毋操夏衣来。今书节（即）到，母视安陆丝布贱，可以禅襦裙者，母必为之，令与钱偕来。

惊敢大心问衷，母得毋恙也？家室外内同……以衷，母力毋恙也？与从军，与黑夫居，皆毋恙也。……钱衣，愿母幸遗钱五六百，布谨善者毋下二丈五尺。……用垣柏钱矣，室弗遗，即死矣。急急急。

惊敢大心问姑秭（姊），姑秭（姊）子产得毋恙……新地入盗，衷唯母方行新地，急急。（木牍6号）

据专家考证，这两封家书写于秦始皇二十四年（前223年），是从军出征的士卒黑夫和惊敢兄弟俩在随秦军灭楚的过程中，写给家里兄弟衷（墓主人）的家信，也是目前世界上发现得最早的两封家书实物。通过阅读信上的文字，可以知道黑夫和惊敢正在楚地打仗，战争持续了很长时间。黑夫和惊敢在信中先是自报平安，问候亲友，同时还写了一些当时的生活琐事。其次交代家事，提出要求：一向家中要钱和衣服；二要“必言相家爵来未来”；三问姑姊等人是否“毋恙”；四交代“新负勉力视瞻丈人”。一事一句，事无巨细，清晰明白，将作者心之所向表达无遗。

作为普通士兵，从整篇家书的行文熟练程度看，已经颇具家书写作的素养。因此，“现代意义的私家往来尺牍，起于战国，盛于秦之后”① 的说法，是有一定依据的。

由于竹木简牍不便携带，缣帛价高难得，都不是家书理想的传播载体。因此，在纸张未成为主要书写载体的先秦时代，这一时期可称为家书的发轫期，家书略显粗糙简短，流通范围较为狭窄，很难普及。

到了春秋战国时期，竹简、木牍、缣帛成为主要书写材料，“书介”也随之产生。由于物质层面的限制，同时为了避免麻烦，使者往往是面受辞语，书信的普及流通尚无法实现。

二、汉魏六朝——书信的发展期

自先秦以来，直至两汉时期，古代的多数文体得到了充分的发展，书信体作品亦表现出极大的转变，在质量上和数量上都取得了一定的进步。汉以后，文学艺术呈现出多元化的发展趋势，简、绢、帛等书写材料进一步发展，尤其是东汉蔡伦发明造纸术后，文字的使用迅速普及，加上造纸的材料主要是树皮、敝布、渔网等，原料相对易得，不会很昂贵，书写成本大大地降低，家书得到了前所未有的发展。“书札日繁，不但公牍更多，私函也日益普及发展起来，成为一般文人交流思想、沟通信息的工具。”② 受社会经济政治等多方面的影响，家书在这一时期引起广大文人学者的重视，很多文人

---

① 赵树功：《中国尺牍文学史》，河北人民出版社 1999 年版，第 3 页。

② 谭邦和：《中国书信体文学史论略》，《荆州师范学院学报（社会科学版）》1999 年第 4 期，第 47 页。

甚至把写家书看作创作活动的一个部分。

东汉政局动荡不安，民生疾苦，游子群体在历史上首次大规模出现。文学风潮的兴起以及游子文化的形成必然催生出更多的家书佳作，因此这一时期涌现出来的家书，写作对象以及涉及的方面更加广泛，内容较之前也更加异彩纷呈。如汉高祖刘邦的《手敕太子》，作者以帝王和父亲的双重身份，对太子提出谆谆告诫，此信一反敕书通常的命令式语气，引述上古圣贤，结合亲身经历，“追思昔所行，多不是”①，用于反省自己早年忽视读书的错误之举，并强调读书学习的重要性，告诫儿子要自强自立，是一封不可多得的“帝王家书”。

> 吾遭乱世，当秦禁学，自喜，谓读书无益。洎践阼以来，时方省书，乃使人知作者之意。追思昔所行，多不是。
>
> ……吾生不学书，但读书问字而遂知耳。以此故不大工，然亦足自辞解。今视汝书，犹不如吾。汝可勤学习。每上疏，宜自书，勿使人也。
>
> 汝见萧、曹、张、陈诸公侯，吾同时人，倍年于汝者，皆拜，并语于汝诸弟……

在这封信中，为了使儿子明白读书的重要性，刘邦不惜拿自己的行为来做儿子的反面教材，用自己的失误来教育儿子。他在信中着重提出了“勤奋学习”的观点，这不仅是对儿子刘盈的教诲，对后人也是一种有益的劝诫。

从儒学取得独尊地位之后，儒学之士便一直都是政府各级管理部门的首

---

① ［汉］刘邦：《手敕太子》，见王兆祥主编《家书撷金——家书篇》，山西人民出版社 2003 年版，第 1 页。

要人选。郑玄作为两汉经学的集大成者，凭借高深的经学造诣和崇高的社会威望不辱仕途、获取官职，对于郑玄来说都不是一件难事，但是他的志向并不在此。他表明自己的志向是“阐释先圣之元意，梳理百家学说”①，“虽无为官之心，颇有让爵之德”②，这位学术大师的人生价值观和清醒的人生定位在此得到了真切的体现。他教育子孙，在学业上“钻研勿替”，道德上“敬慎威仪”，努力做一个有名望的君子——“荣于所生”。他的这些谆谆教诲，对他的后人乃至今天的年轻人来说，也有着十分现实和重要的意义。

三国两晋南北朝时期，民族大融合，思想进一步解放，促进了书信的继续发展，家书领域出现很多为人处世的智慧隽语，使这一时段成为我国书信发展史上承前启后的重要时期。这一时期，不仅作者作品越来越多，内容也愈加广泛，文人以自己遭逢乱世的独特体验，或议政，或论学，或述趣，或叙离，增强了家书的抒情色彩。而人们关注的不仅仅是书信的实用价值，还将目光转向了书信的文学性，遣词用典，造句整饬，放言畅怀，从而涌现出一批批书信名家。刘勰在《文心雕龙》中云：“魏之元瑜，号称翩翩；文举属章，半简必录；休琏好书，留意词翰；抑其次也。嵇康绝交，实志高而文伟矣；赵之叙离，乃少年之激切也。至如陈遵占辞，百封各意；祢衡代书，亲疏得宜；斯又尺牍之偏才也。”③ 因为这一时期的书信充满了活力，家书自然也随之蓬勃发展，特别是三国风云人物的家书中随处可见珠玑之言。如诸葛亮脍炙人口的《诫子书》，其语言流畅，含义隽永。

---

① ［汉］郑玄：《戒子益恩书》，见丁振宇主编《中华名人家书》，北京工业大学出版社 2015 年版，第 39 页。

② ［汉］郑玄：《戒子益恩书》，见丁振宇主编《中华名人家书》，北京工业大学出版社 2015 年版，第 39 页。

③ ［梁］刘勰著，范文澜注：《文心雕龙注》，人民文学出版社 1958 年版，第 456 页。

夫君子之行，静以修身，俭以养德。非淡泊无以明志，非宁静无以致远。夫学须静也，才须学也，非学无以广才，非志无以成学。

《诫子书》的主要目的就是劝勉儿子勤学立志、修身养性、建功立业等。作为诸葛亮临终之言，应该说这封家书是诸葛亮自己人生经验的总结，并借此去教育儿子。在这些简练严谨、智慧理性的文字中，我们可以感受到为人父母者的爱子之情。

三国时期的家书有不少典范之作，并有许多名言警句流传至今。刘备写给太子刘禅的家书中就有“勿以恶小而为之，勿以善小而不为”① 的经典名句。孙权《让孙皎书》中的“人谁无过，贵其能改”② 与虞翻《与弟书》中的“芝草无根，醴泉无源”③ 等，皆脍炙人口。

南北朝时期，书信逐渐骈化，华美而雅致，新巧而清丽，鲍照、陶弘景、吴均等人所作的书信，皆为这方面的代表。家书受这股骈偶之风的影响，字句两两相对，音乐声律和谐，恰如刘勰总结的“汉来笔札，辞气纷纭”④。其中鲍照的《登大雷岸与妹书》，写景状物，细诉旅怀，感情真挚，“既是以骈体写信，又是以书简写景，笔下山川奇景，文字锤炼精工，表现了前所未有的艺术创造力”⑤。

---

① ［汉］刘备：《刘备写给儿子刘禅的信》，见丁振宇主编《中华名人家书》，北京工业大学出版社 2015 年版，第 45 页。

② ［清］严可均辑：《全三国文》，商务印书馆 1999 年版，第 632 页。

③ ［清］严可均辑：《全三国文》，商务印书馆 1999 年版，第 685 页。

④ ［南北朝］刘勰：《文心雕龙 · 书记》，见周振甫著《文心雕龙今译》，中华书局 1986 年版，第 229 页。

⑤ 谭邦和：《中国书信体文学史论略》，《荆州师范学院学报（社会科学版）》1999 年第 4 期，第 48 页。

三、唐宋元——书信的酝酿期

唐宋时期，文化繁荣，诗、词、文、小说全面发展，写作内容涉及更广泛的社会生活，作者众多，大师辈出。特别是唐经安史之乱，宋历偏安之恨，国仇家恨，成就了一大批著名家书，千古传诵。相较于诗词冠绝，家书发展虽不落后，却要显得寂寥一些。历史上著名的古文运动也是出现在这一时期，这对于受六朝骈文影响的家书来说，如久旱逢甘霖，“古文侧重于语言的流畅表达，讲究的是一种清新自然、生动简洁的本色美。从骈文和古文的语言表达特点来看，一般来说，骈文比较适合于注重艺术美的文学创作，古文比较适合于重功利实效的应用文章”①。

唐代历时近三百年，疆域广阔，人才辈出，漂泊在外的游子群体多为怀才不遇的文人，这个时期的家书以抒怀、尽言为主要特征。唐代是诗歌发展的鼎盛时期，相较之下家书略显暗淡，《全唐文》收录的家书作品非常有限，元稹的《诲侄等书》、李翱的《寄从弟正辞书》、李华的《与弟莒书》、卢氏的《训子崔元暐书》，其中骆宾王的《与情亲书》《再与情亲书》是比较著名的家书。

风壤一殊，山河万里。或平生未展，或睽索累年。存殁寂寥，吉凶阻绝。无由聚泄，每积凄凉。近缘之官，佐任海曲。便还故里，冀叙宗盟，徒有所怀，未毕斯愿。不意远劳折简，辱逮堙沦。虽未叙言，暂如披面。晚夏炎郁，并想履宜。宾王疾患，无况耳。

这封信是骆宾王被贬去荒凉的临海前寄给亲友的。此信词简、意切、情浓，艺术上浑脱自然。另外在敦煌书仪文献中还保存了祖父母与孙子女、父

---

① 张少康：《中国文学理论批评史教程》，北京大学出版社 1999 年版，第 188 页。

母与子女等亲属之间在各种场合应用的“家书范文”。

宋代家书较唐代有进一步的发展，这一时期的书信多务实，平易清新，舒朗流畅，内容更贴近生活，多平直之气，往往于议政、论学之际，叙说遭遇，慨叹人生，语多出自肺腑，颇具文学审美价值。这一时期的家书亦具有浅显平直的突出特点，后人评价其“能纯乎本色，质叙无不臻妙……苏、黄二公，少壮立朝，虽流离悲愤，儿女故旧之情，皆关国是，故落落写来，具有动人而不可废之处”①。如苏东坡的《与侄千之书》《与徐甥师川》、黄庭坚的《与润甫贤宗书》等。范仲淹在《与中舍书》中道：“但请思之：千古圣贤，不能免生死，不能管后事，一身从无中来，却又归无中去，谁是亲疏？谁能主寄？既无奈何，及放心逍遥，任委来往……”② 写得明白晓畅，情理交融，表达出他豁达的人生观，也给后人以很深的启迪。朱熹的《给长儿书》教育儿子要明理好学、修身养性，司马光的《训俭示康》更是流传甚广的名篇。另外，王安石的《与吴司录议王逢原姻事书》、文天祥的《狱中家书》、李氏的《托孤母氏书》等都体现出宋代家书咏叹清新、明白浅显的特点。如朱熹的《与长子受之》：

盖汝好学，在家足可读书作文，讲明义理，不待远离膝下，千里从师。汝既不能如此，即是自不好学，已无可望之理。然今遣汝者，恐汝在家汩于俗务，不得专意。又父子之间，不欲昼夜督责。及无朋友闻见，故令汝一行。汝若到彼，能奋然勇为，力改故习，一味勤谨，则吾犹可望。不然，则徒劳费。只与在家一般，他日归来，又只是伎俩人

① ［清］毛先舒：《与徐野君书》，转引自郭预衡著《中国散文史》，上海古籍出版社 1999 年版，第 663 页。

② ［宋］范仲淹：《与中舍书》，见王兆祥主编《家书撷金——家书篇》，山西人民出版社 2003 年版，第 70 页。

物，不知汝将何面目。归见父母亲戚乡党故旧耶？

念之！念之！“夙兴夜寐，无忝尔所生！”在此一行，千万努力。

唐宋两代在宣纸制造技术上的完善推动了家书普及的进程。宣纸有易于保存、久不褪色等特点，使得家书相传的可能性大大提高。不仅如此，承载家书的书法艺术也有了长足发展，其中蔡襄的《与大姐贴》、黄庭坚的《报云夫贴》、刘焘的《与伯父书贴》等，既是标准格式的家书，又是书法艺术的佳品。唐宋两代家书书法艺术精湛，也是家书逐步发展的重要表现之一。

唐宋家书领域中还出现了另一类特殊的现象，就是以诗代信，以词代信。李商隐在《夜雨寄北》中写道：“君问归期未有期，巴山夜雨涨秋池。何当共剪西窗烛，却话巴山夜雨时。”① 信写得明白如话，直书其事，直写其景，寓情于景，情景交融，质朴无华的词语之中蕴含无限深情，可谓是诗信中的佳品。北宋词人柳永在《凤栖梧》中写道：“拟把疏狂图一醉，对酒当歌，强乐还无味。衣带渐宽终不悔，为伊消得人憔悴。”信中主人公为消逝离愁决意痛饮狂歌，但强颜为欢终觉无味，最后以健笔写柔情，甘愿为思念伊人而日渐消瘦憔悴，把漂泊异乡的落魄感受同思念意中人的缠绵情思融为一体。此种诗信，因为能把人生的体会与哲理用最凝练浅显的语言表达出来，又具备家书的真情实感，其感人的力量穿越千载而不衰，成为唐宋诗词中一道靓丽的风景线。

元朝历时近百年，文坛精华多见于杂剧、散曲等艺术形式。元朝虽疆域辽阔，城市经济繁荣，但统治者尚武，文人多愁，且元代大批文人功名难求，转而携妻归隐，“断肠人在天涯”的境况屡见不鲜，作为“私人情语”

① ［唐］李商隐：《夜雨寄北》，见［清］曹寅、彭定求等编纂《全唐诗》（扬州诗局本），第539卷39首。

的家书此时显得尤受青睐，家书的作用得到了空前的重视。

元代传世家书虽少，但从元戏剧故事中家书出现的频繁程度来看，民间家书不断发展，数量急剧增多，“由于社会交往频繁，书信更加流行”①。同时统治阶级大兴“文字狱”，文人命运坎坷，为避祸而趋于实学，对现实采取谨小慎微的态度，转而在书信中感喟俯仰，大大催化了书信体文学的兴盛。

四、明清——书信的高峰期

明清两代是家书发展的兴盛时期，尤其明清两代堪称古代家书发展的高峰时期，这一时期的家书呈现出了以下特点：

第一，明清学派纷呈，诸教合流，市井文化繁盛，因此，家书的内容空前丰富，最有代表性的小说文体繁荣便是民间文艺交往发展空前的见证；

第二，明清时是尺牍小片的“黄金时代”，出现了大量的个人尺牍专辑和选本，如汤显祖的《玉茗堂尺牍》、袁宏道的《袁中郎尺牍》、袁枚的《小仓山房尺牍》、姚鼐的《姚姬传先生尺牍》、许葭村的《秋水轩尺牍》、龚未斋的《雪鸿轩尺牍》，以及马睿卿辑的《名家尺牍选》、李渔辑的《尺牍初征》、周亮工辑的《尺牍新钞》等。

同时这一时期的家书得到了前所未有的重视，就现存书仪文献来看，明清两朝的作品最盛，是古代家书发展的鼎盛期，不仅产量丰富，佳作更是层出不穷，具有很高的历史文化价值。如杨慎的《古今翰苑琼琚》、王锡爵的《历代尺牍大全》、王世贞的《尺牍清载》和周连第的《分类尺牍大战》等。王守仁、张居正、袁宏道、汤显祖、王夫之、龚自珍、郑板桥等还创作了不少家书名作，这些家书在形式上简洁自由，内容上无所不包，典型代表便是极具影响的《曾国藩家书》和《板桥家书》。

---

① 褚斌杰：《中国古代文体概论》，北京大学出版社 1990 年版，第 401 页。

《曾国藩家书》被张舜徽称为“近世一大奇书”，所涉及内容极其广泛，小到人际琐事、家庭生计的平民智慧，大到进德修业、经邦纬国的政治谋略，都囊括其中，可以说是曾国藩一生主要活动和其为政、齐家、治学之道的生动反映，体现了他的学识造诣和道德修养。其形式简洁流畅，文笔大气从容，在平淡“话家常”中见智慧良言，极具说服力和感染力，赢得了“道德文章冠冕一代”的盛誉。

郑板桥在《板桥自叙》中道：“板桥十六通家书，绝不谈天说地，而日用家常，颇有言近指远之处。”① 在“日常家用”的言语中“言近指远”，便是板桥家书的艺术特色。

凡人读书，原拿不定发达，然即不发达，要不可以不读书。立意便拿定也，科名不来，学问在我，原不是折本的买卖。愚兄而今已发达矣，人亦共称愚兄为善读书矣，究竟自问胸中，担得出几卷书来，不过挪移借贷，改窜添补，便尔钓名欺世人，有负于书耳，书亦何负于人哉！昔有人问沈近思侍郎如何是救贫的良法，沈曰读书，其人以为迂阔，其实不迂阔也。东投西窜，费时失业，徒丧其品，而卒归于无济，何如优游书吏中，不求获而得力在眉睫间乎！信此言，则富贵；不信，则贫贱。亦在人之有识与有决，并有忍耳。

清代历时较长，家书写作名家频频涌现，家书佳作也如雨后春笋般层出不穷。家书内容包罗万象，风格多变，集结政治、军事、学问、艺术等各个方面，其中很多家书是“作者从这些名人后代的手中觅得，往往不见于他们

① 郭预衡：《中国散文史》，上海古籍出版社 1999 年版，第 521 页。

的文集”[①]，因而是很好的文史补遗资料，这些名人为清代士大夫阶层的杰出代表，其所写家书内容丰富、思想深刻，有很高的史料价值，部分佳作亦是颇具审美价值的上品。

此外，晚清民邮的发展，为家书的传播提供了便利的条件。明清两代政治、经济、文化等方面的快速发展，把古代家书推向了高峰。

第二节 家书的主要文体特征

一、沟通信息，维系亲情

家书作为沟通家人之间感情的纽带，它所承载的意义是非凡的。家书本身就是家庭的一种象征，其中包含了夫妻情、父子情、父女情、兄弟情、姐妹情、叔侄情等。任何一封带有时代烙印的家书，都可以说是该时代的一个微型缩影。

我国完整意义上的家书，不唯指单纯的家书文本，也并非像其他文体一样仅由“白纸”和“黑字”组成，而是超越了其语言文本，超越了“信件”意义上的“信”。我国古代的“信”除了表示消息、音讯以外，还有“信使”的意思，即信件的传递者。因此，我国传统家书的定义，不能单从文本层面着眼，还要考虑到传递的过程。总之，我国家书承载着“家文化”，通过各种传递途径来往于家人之间。除了信中所包含的家书文本，还应该包括投、递、盼、收等各个细致精彩的环节，因而家书不仅具备书信文学属性，还具备文化社会学属性。

从写家书、盼家书、寄家书、读家书中可以看出，家书就像是一根系在

① 宋效永：《〈清十大名人家书〉前言》，见《清十大名人家书》，岳麓书社 1999 年版，第 1 页。

风筝上的线，循着它就会发现，一端是游子的旅怀愁绪，一端是家中亲人的牵挂和叮咛。仔细揣摩诗圣杜甫的“家书抵万金”，无论是战乱年代的一封平安家书，还在和平年代的一封普通家书，“报平安”一直是家书内容中不可或缺的一部分。李绅的“开拆远书何喜事，数行家信抵千金”①，袁凯的“江水三千里，家书十五行。行行无别语，只道早还乡”②，都说明了家书的象征意义。

家书难得，无论是高启的“未读书中语，忧怀已觉宽。灯前看封箧，题字有平安”③，还是元稹的“远信入门先有泪”④，都写出了得到家书时情感的强烈震荡，至于信里的内容，在那一时刻已经是次要的了。更有甚者，北宋著名学者胡安定，在泰山栖真观求学深造时，十年未归，收到家书后只要见到信中有“平安”二字，立刻投入山涧中，不再打开阅读，可见家书“报平安”的重要意义。因此，家书的动情之处除其感人至深的文字诉说之外，更在于家书文本之外的象征意义。

家书作为家人之间的对话方式，很多情况下其交流功能要胜于当面对话。梁文蔷在回忆父亲梁实秋的文章中说：“我与爸爸三十年来聚少离多，全以纸笔代喉舌。惟因书信频繁，内容巨细靡遗，不见面反而比见面彼此了解更深。因为有时表达灵魂深处的感受，笔谈胜面谈。”⑤

---

① ［唐］李绅：《端州江亭得家书二首》，见［清］曹寅、彭定求等编纂《全唐诗》（扬州诗局本），第483卷20首。

② ［唐］袁凯：《京师得家书》，见［清］沈德潜、周准编《明诗别裁集》（影印本），中华书局1975年版，第16页。

③ ［明］高启：《得家书》，见李圣华选注《高启诗选》，中华书局2005年版，第206页。

④ ［唐］元稹：《得乐天书》，见［清］曹寅、彭定求等编纂《全唐诗》（扬州诗局本），第415卷13首。

⑤ 梁文蔷：《梁实秋与程季淑：我的父亲母亲》，百花文艺出版社2005年版，第43页。

近在咫尺，却要选择通信的方式进行交谈，即是通过延长对话的距离和时间，来缓冲即时反映的冲动或尴尬，维护畏惧或羞涩的心理，给双方搭建了理智思考的平台，家书成了化解“即时敌意”的象征。可见很多情况下，家书作为家人之间的对话方式，其功能要胜于当面对话。

家庭作为社会组织最小的细胞，成员间沟通的方式有很多种，家书往来这种方式最受人们的喜爱。传统家书，叙述的往往是人们身边最平凡的事和最常见的情，虽然平淡，却没有人会觉得家书可有可无。家书是人类生活的精神食粮，它的写作依赖于语言，而语言本身就是一种符号。家书就是在语言的基础上产生的一种对话。

二、内容广泛，表达自由

家书依靠的是一种自由的情感宣泄语言，操作技巧简便自然，不需要像宏大叙事作品那样必须借助相关的大视角来表达。鲁迅曾经幽默地说道：“别人以为他这回事赤条条的上场了罢，他其实还是穿着肉色紧身小衫裤，甚至于用了平常绝不应用的奶罩。话虽如此，比起峨冠博带的时候来，这一回可究竟是较近于真实。”① 私人空间“赤条条”得自由自在，虽没有“峨冠博带”显得庄重，但在家书的写作中，很少存在朋友之间的繁文缛节，其自由性可以表现到极致。尤其是在言论自由被禁锢的“文字狱”时代，这种无所顾忌、畅所欲言的“安全语境”，使得家书成为最后一块“自由论坛”。

家书的写作对象具有针对性，一封家书不能没有写作目的，它往往是因为某种需要而写，所以家书的内容很广泛，家书自由言说的特性也得到充分挥发。家书内容从实际目的出发，篇幅可长可短，内容可多可少，既可洋洋洒洒数千字，也可简短扼要。很多平常不敢说的话在信中可以大胆地直抒胸

① 鲁迅：《孔另境编〈当代文学尺牍钞〉序》，见《鲁迅全集》（第六卷），人民文学出版社1973年版，第409页。

臆，但在某种程度上，家书的写作又受到了体裁和篇幅的制约，如张籍的《秋思》：“洛阳城里见秋风，欲作家书意万重。复恐匆匆说不尽，行人临发又开封。”① 道出了在有限的篇幅内不能把“万重意”说尽的苦衷。信笺虽短，体制虽繁，写信的人却没有著书立说时常有的矜持和虚套，这种真实来源于自由的言说。因为公牍文的受众群是社会范围内的读者，它的性质决定了作者不能将个人私情诉诸笔端，内容只能有所忧虑忌讳、有所回避遮掩，而不可任性直率和畅所欲言。家书虽是“私人话语”，但其所涉及的方面很广，可以囊括家事国事天下事，写作手法上也比较灵活多变，可议论、可抒情、可写景，也可将写景、抒情、议论于一体，亦可融骈文、散文、骈散于一炉。既可以写得凝练含蓄，耐人寻味，也可以写得通俗易懂，妙趣横生。家书的寄收双方彼此推心置腹，为个人感情的自由表达打通了通道，可以畅所欲言地表达自己的感情，甚至连隐私都能在家书的字里行间里表露出来。曾国藩在给其弟曾国潢的信中道：“人以极品为荣，吾今实以为苦恼之境。……亦惟有做一天和尚撞一天钟而已。”②

曾国藩时任两江总督，位极人臣，权倾朝野，纵然这是曾国藩的心中独白，如此消极恣意的话也是不能公开说的，唯有在家书中他才敢自由流露、直言不讳。

家书作为家人间交流思想感情的媒体，也是一个主客体交流的平台，主客体的交融以及感性与理性的统一同样不可或缺。傅雷曾教育傅敏：“把理性认识的，用心灵去体会，才能使原作者的悲欢喜怒化作为你的悲欢喜怒，

① ［唐］张籍：《秋思》，见［清］曹寅、彭定求等编纂《全唐诗》（扬州诗局本），第386卷74首。

② ［清］曾国藩：《唐浩明评点曾国藩家书》（下），唐浩明评点，岳麓书社2002年版，第384页。

使原作者每一根神经的震颤都在你的神经上引起反响。”① 家人的非公开话语，必然隐藏着某种真实，恰恰是这种真实使得家书具备了不同于又胜于普通文学体裁的特殊魅力，私密话的真实性诱发了读者的好奇心和想象力。这也就是我们讲的普适性，但凡在某个历史空间存在并感动过收信人的家书，都能穿越时空而维持其感染力与生命力。

家书尽管是表达自由的文体，但是它的文本书写总为人们所重视，往往造就“无意为之”的佳品。著名书法大师的家书墨宝暂且不提，便是寻常人写出的家书也是生动无比，彰显出家人对话过程中的个人性情，透露出写信者的心态、情绪、思想甚至健康状况。南宋诗人范成大在看到信上的字迹后感叹道：“笔力不如当日健，鬓边应也雪千茎。”② 不仅如此，中国书法还被称为“解读中国文化和符码的钥匙”③，家书书法自然也是其中不可或缺的一分子。

三、感情真挚，增进交流

明代徐师曾在《文体明辨序说・书记》中道：“书记之体，本在尽言，故宜条畅以宣意，优柔以怿情，乃心声之献酬也。”④ 家书是家人“心声之献酬”，其“心声”发自真实的亲情，亲情是人类的本能反应和原始能力。就亲密程度来说，家书往来的对象是家人，其姻缘或血缘优势令其他书信交往对象难以企及，因此家书的情感真挚性特征尤为突出。家书的写作离不开情，必须将情感注入其中，主客相容，才能达到情感真挚的效果。只有抒情

---

① 傅敏编：《傅雷家书》，天津社会科学出版社 2006 年版，第 118 页。

② ［宋］范成大：《喜收知旧书，复畏答，书二绝》，见周汝昌选注《范成大诗选》，人民文学出版社 1984 年版，第 276 页。

③ 易存国：《中国审美文化》，上海人民出版社 2001 年版，第 154 页。

④ ［明］徐师曾：《文体明辨序说》，见《〈文章辨体序说〉〈文体明辨序说〉》，人民文学出版社 1960 年版，第 129 页。

主体的“情投”才能得到鉴赏者的“意合”，也就是说引发鉴赏者共鸣的核心特征就是家书情感的真挚性。

南宋诗人陆游，与他第一任妻子唐琬是表兄妹，从小青梅竹马，在兵荒马乱之中暗暗生出了情愫。青春年华的陆游与唐琬都擅长诗词，他们常借助诗词倾诉衷肠，花前月下，二人吟诗作对，丽影成双，互相唱和，宛如一对翩跹于花丛中的彩蝶，眉目中洋溢着幸福和谐。成年后，陆游便以一支精美无比的家传凤钗作为聘礼，与唐琬结为夫妻。从此，唐琬与陆游情爱弥深，沉醉在两人的世界中。

陆游的母亲是一位威严专横的人，她几次告诫陆游要考取功名，进仕为官，以便光耀门楣。可陆游、唐琬两人情谊缠绵，无暇以顾，陆母的几次告诫，全如石沉大海，未见丝毫波澜。陆母面对陆游的不思功名，对儿媳的抱怨日益加深。但眼下的这种状况，令她大为不满却又无能为力，无奈之下，陆母只好棒打鸳鸯，狠心拆散了两人。随即，便为陆游另娶了一位温顺本分的王氏女为妻，彻底断了陆游与唐琬之间的悠悠情思。而唐琬则由家人做主嫁给了同郡士人赵士程。

美满姻缘被迫拆散，恩爱夫妻被迫分离，使两人在感情上遭受巨大的折磨和痛苦。偶然在沈园的相遇，让陆游心中对唐琬思念的洪水泄闸而出，有感而发的在沈园写下了“红酥手，黄滕酒，满城春色宫墙柳。东风恶，欢情薄。一杯愁绪，几年离索。错、错、错。　　春如旧，人空瘦，泪痕红浥鲛绡透。桃花落，闲池阁。山盟虽在，锦书难托。莫、莫、莫”的词句。在这首词中，陆游先是回忆了从前与唐琬同游沈园时的美好情景，春景虽然美好，可是自己被迫与妻子离异后的痛苦心情却是没人理解。而几年来的离别生活带给他们的只是满怀愁怨，正如这烂漫的春花被无情的东风所摧残而凋谢飘零，将自己对唐琬的歉意、思念表达得淋漓尽致。

唐琬的丈夫赵士程，是个宽厚重情的读书人，对唐琬的经历很是同情，并对唐琬曾经的遭遇表现出了真挚的同情与谅解，使她饱受创伤的心灵渐渐平复，渐渐萌生出了新的情愫。沈园的不期而遇，将唐琬积蓄已久的旧日柔情与种种委屈如河流奔泻而出，让柔弱的唐琬无力承受。第二年春天，她再游沈园时，看到陆游在沈园写下的词句，更是愁肠百转，追忆似水往昔，叹惜无奈世事，感情的烈火煎熬着她，抑郁难解，相思成病，写下了给陆游的回词："世情薄，人情恶，雨送黄昏花易落。晓风干，泪痕残，欲笺心事，独语斜阑。难、难、难！　　人成各，今非昨，病魂常似秋千索。角声寒，夜阑珊，怕人寻问，咽泪装欢。瞒、瞒、瞒！"同年秋天，便如一片萧瑟的秋叶随风而逝。

爱情虽然充满坎坷，但是陆游从来没有忘记对下一辈的教育，他经常写信给自己的儿子，从生活、学习、道德品行等各方面对子孙进行劝勉。在学习中，他要求子孙要注重实践，不能只重视从书本中获取知识而轻视从实践中获取知识，要坚持不懈，不能急于求成，"纸上得来终觉浅，绝知此事要躬行"①。在自身品格塑造上，要求子孙尊老爱幼，注意自身德行的培养，做一个乡邻人人夸奖的"善士"，即使当一辈子农民，也比当个大官强，"但使乡间称善士，布衣未必愧公卿"②。

当面对自己的次子子龙赴江西吉州任职时，陆游又写下了"驾言当送汝，挥涕不能止""庭参亦何辱，负职乃可耻"③ 的字句，来表达自己的不舍之情，并对儿子进行了训诫，要求儿子在以后的为官之路上要坚持职守，清白为官，不可贪赃枉法，攀缘钻营，以权谋私。不仅表达了自己对儿子深切的关怀，也让自己的儿子在以后的生活工作中更加严格地要求自己。

---

① 朱明勋：《中国古代家训经典导读》，中国书籍出版社 2012 年版，第 259 页。

② 朱明勋：《中国古代家训经典导读》，中国书籍出版社 2012 年版，第 258 页。

③ 朱明勋：《中国古代家训经典导读》，中国书籍出版社 2012 年版，第 260 页。

清朝书法家郑板桥，字克柔，“扬州八怪”之一，诗、书、画俱佳，著有《板桥全集》。他不仅自身很有成就，而且对自己的家人也很关心。郑板桥考中进士，由兴化乘船进京做官的旅途中，给自己堂弟郑墨的信中提到苏东坡，将自己与苏东坡的生平际遇做出对比，认识到“爱人是好处，骂人是不好处”。还反省到“愚兄平生谩骂无礼”，虽然骂人是一种恶劣心情的宣泄，是一种不能改变现状时感情的自然流露，但并不是优点。因此，郑板桥让郑墨“时时劝我”不要骂人，避免在言语上犯错误，这种反省与自责，真切地表达了他天真烂漫的本性和平等待人的品行，也显露出了他与堂弟郑墨的深厚感情。

梁文蔷在回忆她的父亲梁实秋时说道：“爸爸强调写抒情文章要细腻。他自认《槐园梦忆》还不够细腻。若论细腻我想他的家书可称细腻，因为不是为发表而写，可以百无禁忌，直言不隐。……轻轻的几句淡描，勾出了凄怆悲戚的心境，铁心人也会为之动容。”① 此语道出了家书情感真挚的特征。

四、启人智慧，有益教化

家书是长者将自己多年的生活阅历、处世经验传递给后代的一种重要媒介。这些家书大都是由长者精心推敲而成，语含哲理、文显华彩，具有很高的文学和教育价值。这些内容又分成立志、修身、勤学、处世、治家、尽忠等几部分，从各个方面为子孙后代指明道路。

如西汉经学家、目录学家、文学家刘向的事迹可为代表，他主持编纂的《别录》为我国最早的目录学著作。刘向为人简朴，廉洁乐道。他育有三子，都很好学，其中以少子刘歆最为知名。刘歆年纪轻轻便已官至黄门侍郎显职，刘向担心他骄傲自满，招来祸事，便写信告示刘歆“吊者在门，贺者在闾”，这样才能谨慎做事，有好的表现，福祉才会到来；要是“贺者在门，

① 梁文蔷：《梁实秋与程季淑：我的父亲母亲》，百花文艺出版社2001年版，第103页。

吊者在闾”，就容易骄傲放纵，灾祸也会接踵而来。刘向在信中例举春秋时的齐顷公，仗着自己祖先齐桓公的霸业余威，轻视侮辱诸侯，践踏晋国跛足大夫却克的尊严，因此而招致灾祸，到最后，只能伪装为臣下才得以脱困。顷公战败以后，戒慎恐惧，奋发图强，得到百姓的拥戴，才将诸侯侵夺的土地要回来。因此，刘向告诫刘歆：“受福则骄奢，骄奢则祸至。”正是因为刘向的恭谨敬事，刘氏父子才能保全，成为我国图书事业的奠基人。

汉魏时期著名战略家、政治家和文学家羊祜，出生于汉魏名门士族之家，是东汉文学家蔡邕的外孙，正是因为出生于这种书香世家，耳濡目染，羊祜本人也是博学能文，清廉正直。他在给自己的儿子写信时，训诫儿子：“言则忠信，行则笃敬，无口许人以财，无传不经之谈，无听毁誉之语。”重视自己的品德修养，待人宽厚，诚实守信，钱财不随便许人，闲话无根据不传，诽谤之词不轻易听信，真正做到“恭为德首，慎为行基”。而在人与人的相处中，不管什么时候，都要态度恭敬、言行谨慎。

三国时期东吴皇帝孙权，19 岁就继承了父兄的基业，击败了黄祖，割据江东。后来与刘备联合，在赤壁击败了曹操的军队。在曹丕称帝后，孙权也称帝，定都建业。他大力兴修水利工程，发展农业生产，同时多次减免赋税，极大地促进了东南地区的经济发展。孙皎是孙权的堂弟，驻守夏口，因为一点小事与大将甘宁发生口角，后来矛盾激化，导致甘宁提出要调到吕蒙的部下。孙权得知此事之后，写信对孙皎提出批评，让他“深自咎责”，同时让他改正“因酒发作”“逞私志”的错误行为。在信中，对于如何治理国家，统领军队，孙权表达了自己的见解。他认为，一个人首先要在行为上能够约束自己，恭敬而谦让，爱人多仁，才能得到众人的拥戴。

明朝进士沈炼一生刚直，他虽为小官，但刚直的性格却让他最终名垂千古。因为朝廷腐败，人心涣散，北方瓦剌汉俺答趁机率领大军围困京师，对于军事力量雄厚的明朝来说，如此奇耻大辱，其根源便是严嵩父子祸害朝廷，许多人都是敢怒不敢言。可沈炼在给儿子沈襄的信中，却没有像其他人那样向子孙讲述世道之险恶，教他们在险恶的环境中自保，更没有教他们圆滑以适应社会，或是归隐山林，享受田园风光，而是教育他们不能“只知寻摘章句”，对“雄才俊杰之士”，要“亲之近之”，对“阿庸无识之徒”，要“疏之远之”。要做有抱负、有担当的社会中流砥柱，不能做只读书的书呆子。沈襄做官后，谨记父亲教诲，勤于政务，为民造福，深得百姓拥戴。

曾国藩在给儿子纪鸿的家书中告诫儿子：“凡人多望子孙大官，余不愿为大官，但愿为读书明理之君子。”① 勉励其子从生活的勤苦、俭约、居敬、慎言上下功夫，做一个读书明理的君子。在为人处事中，告诫子女“月盈则亏，水满则溢”，万事不可过分强求，应当保持知足常乐的心态。

林则徐在写给夫人的信中道：“做官不易，做大官更不易。”“务嘱次儿须千万谨慎，切勿恃有乃父之势，与官府妄想来往，更不可干预地方事务。”② 这些话道出了做官的不易。官员不光自己要廉政、爱民，对自己的家人也要严格要求。

不仅如此，在生活中，林则徐也提出了“接人处事，当从大处落墨。一钱不舍，余不取也”③。要求家人在待人处事中，应从大处着眼。不要浪费，该节约的地方也要节约，不能节省的地方也不必过分节俭，对于吝啬的行为，不赞成效法。

---

① 天人：《中国历代名人家书——永恒的处世哲学》，内蒙古人民出版社 2003 年版，第 187 页。

② 天人：《中国历代名人家书——永恒的处世哲学》，内蒙古人民出版社 2003 年版，第 175 页。

③ 天人：《中国历代名人家书——永恒的处世哲学》，内蒙古人民出版社 2003 年版，第 175 页。

第三节　家书的主要内容

家书的历史源远流长，它也与其他文学形式一样，经历了从萌芽逐渐演变到成熟的过程。每个时代有每个时代的特征，因而产生于特定的历史、文化语境之中的家书，同样也隐含着那个特定时代人们的精神结构和审美价值取向。

家书作为一种书信文体，兼具实用性与审美性，虽然自先秦以来，家书作者与收者皆是用其互报平安的，但是，由于家书本身是一种对话性文体，一封家书只有在收信者阅读、感受之后才算是真正完成了家书的全部过程。客观上来说，收信者在接受书信基本信息的基础上，如若产生情感的共鸣、心灵的震撼，那么家书的审美价值才能显现。

历史上的家书，从不同的角度入手可以分成不同的类别，从家书的内容上看，主要可以分成三类：修身处世、挚爱亲情、励志报国。

一、修身处世

养身乃为人之本、处世之基。先贤们那一封封充满着人生哲理的家书，以丰富的人生阅历和高尚的道德情操，将理想与现实、社会与人生的深刻洞察付诸笔端，浓缩了他们的人生经验与高度智慧。

古代家书在风格上都显得较为质朴，内容上首先着重向子弟传递修身养性和为人处世的道理，中国传统的伦理思想强调修身、齐家、治国、平天下，因而在古代训诫家书中，“修身为本”便是家书中最主要的内容之一。

汉武帝刘彻，封自己的儿子刘胥为藩王后，在儿子即将赴任时写信给刘胥道：“祗祗兢兢，乃惠乃顺！毋桐好逸，毋迩宵人，惟法惟则。”告诫他要恭敬谨慎，尽心竭力，给百姓恩泽，使他们归附朝廷，而不要贪图安逸，更不要亲近小人，只有法律才是生活的行为准则。

东汉名将马援，少有大志，一生戎马沙场，他常说："丈夫为志，穷当益坚，老当益壮。"为了实现东汉王朝的统一和四境的安宁，他西定陇右，南平交趾，北御匈奴，最后战死在疆场，实现了马革裹尸、不死床箦的夙愿。马援的两个侄儿马严、马敦，年少而特立独行，结交了很多贤人，在当时很是有名。马援在世时对他们的要求很严，他的《诫兄子严、敦书》，历来被世人传诵：

> 吾欲汝曹闻人过失，如闻父母之名：耳可得闻，口不可得言也。好议论人长短，妄是非正法，此吾所大恶也，宁死，不愿闻子孙有此行也。汝曹知吾恶之甚矣，所以复言者，施衿结缡，申父母之戒，欲使汝曹不忘之耳！

从这封宽严相济的家书中，我们不仅可以看到长辈的威仪，而且也可以体会到长辈的慈爱。侄子这种喜欢议论人过失的行为，受到了马援的斥责。马援立场坚定，将闻人过失提高到"父母之名"的高度，并严重声明："宁死，也不愿闻子孙有此行也。"之所以这样，正是因为马援身居高位，经常处于官场纠纷的漩涡当中，所以他对如何"明哲保身"有着深刻的认识和体会。尤其是对于高官弟子那种动辄就随意谈论政治、臧否人物的现象很是反感，他认为这样很容易招致灾祸。为了侄子们将来能够更好地发展，他特意写了这封信劝诫他们。

蜀汉的开国皇帝刘备待人宽厚，善于用人，在临终前曾写信嘱托儿子刘禅："勿以恶小而为之，勿以善小而不为。"魏国皇帝曹操在《戒子植》中写道："吾昔为顿丘令，年二十三，思此时所行，无悔于今。今汝年亦二十三矣，可不勉欤！"言辞虽短，意义却深，严厉的语气中蕴藏着老父亲的爱子之情。汉代蔡邕更是对自己的女儿写下了“夫心，犹首面也，是以甚致饰焉”的话语，告诫爱女修心如同修面，要心存善念，细加修饰。

诸葛亮的《诫子书》影响十分深远，其中西凉王李玄盛，就对诸葛亮推崇备至，认为诸葛亮诫子家书中的立身处世之道和修身励志之言足以使人立身而功成。西凉太祖李暠也十分推崇诸葛亮，借鉴诸葛亮的训诫之言勉励子孙勤奋努力。

《诸葛亮集》中共收录了十二封家书，其中的三篇诫子家书最具影响，《诫外甥书》更是激励着历代后人：

夫志当存高远，慕先贤，绝情欲，弃凝滞，使庶几之志，揭然有所存，恻然有所感；忍屈伸，去细碎，广咨问，除嫌吝，虽有淹留，何损于美趣？何患于不济？若志不强毅，意不慷慨，徒碌碌滞于俗，默默束于情，永窜伏于凡庸，不免于下流矣！

西晋的重臣羊祜，性情谦逊，《晋书》记载：“羊祜，字叔子，泰山南城人也。世吏二千石，至祜九世，并以清得闻。”① 不仅他仁德怀柔，他的子孙们也以美德传世，这与他的谆谆教导密不可分。他的《诫子书》内容如下：

吾少受先君之教，能言之年，便召以典文；年九岁，便诲以诗书。然尚犹无乡人之称，无清异之名。今之职位，谬恩之加耳，非吾力所能致也。

吾不如先君远矣，汝等复不如吾。谘度弘伟，恐汝兄弟未之能也；奇异独达，察汝等将无分也。恭为德首，慎为行基。愿汝等言则忠信，

---

① ［唐］房玄龄等：《晋书》，中华书局1974年版，第1013页。

行则笃敬，无口许人以财，无传不经之谈，无听毁誉之语。闻人之过，耳可得受，口不得宣，思而后动。若言行无信，身受大谤，自入刑论，岂复惜汝？耻及祖考。思乃父言，纂乃父教，各讽诵之。

这封家书情感蕴含于字里行间，语言真切质朴。他以切身之经验告诫自己的子孙为人处世应以恭敬为本，“恭为德首，慎为行基”。“恭”就是为人应恭让有序，谦恭有礼；“慎”是生活中应三思而后行，做事要谨慎周密，这是长辈劝诫子弟应遵循的道德准则，非常具有指导意义。

古人云：“古之欲明明德于天下者，先治其国；欲治其国者，先齐其家；欲齐其家者，先修其身；欲修其身者，先正其心……”心正才能修身，修身才能家齐，家齐才能治国，治国才能平天下，修身的重要性可见一斑。这一封封的家书，是长辈对晚辈的谆谆教导，慈爱深情。长辈以自己的经验对晚辈在立志、读书、待人等各个方面进行训诫，包含着教子治家和为人处世的智慧与艺术。

二、至爱亲情

（一）夫妻家书，缱绻情深

情感的交流可以说是家书实用性中最常见、应用最广的一种形式，在情感的交流中，出现最多的便是夫妻家书。男和女，夫与妻，两性之间的情感关系一直是历代长久不衰的话题。中国古代的夫妻家书，不仅是夫妻之间传情达意的私密文字，也是时代变迁的真实记录，是透视不同时代背景下男女情感关系的一个窗口。

夫妇关系是人伦之始，《礼记·昏义》云：“男女有别而后夫妇有义，夫妇有义而后父子有亲，父子有亲而后君臣有正，故曰昏礼者，礼之本也。”①在中国的传统社会，夫妻关系引申出整个社会的关系，以家庭为中心的相互关系构架整个社会的关系。夫妻关系的和顺与否不仅关系着一家之兴衰，而且还影响着一国之治乱，正如秦嘉《述婚诗》所言：“纷彼婚姻，祸福之由，卫女兴齐，褒姒灭周。”②

然而较之传统社会中尊卑分明的夫主妇从的伦常准则，人们在家书中则大多以自然的情义来维系夫妻之间举案齐眉相对对等的关系。无论是秦嘉“何用叙我心，遗思致款诚”的《与妻徐淑书》，还是王献之对其妻郗道茂的“思恋转不可言，瞻近而未得奉见”③，都将夫妻之间的情真意切表达得淋漓尽致，不仅让人读之、思之、念之，也加深了夫妻之间的感情。

夫妻之间的家书大致可分为三种：第一种是夫妻双方互相爱慕，家书只是加深二人感情的渠道；第二种是夫妻双方中有一人背弃了两人当初的誓言，另结新欢，对方希望挽回感情的家书；最后一种为夫妻双方中有一人逝去，另一人写的悼亡诗。

宋代女词人李清照出生于书香之家，早年生活优裕，出嫁后与丈夫赵明诚致力于字画玉石的搜集整理，夫妻二人琴瑟和鸣、相敬如宾。婚后，赵明诚外出为官，多年未归，李清照甚是思念，便写了一首词来告诉丈夫自己的心情：

---

① 吴树平、赖长扬主编：《白话四书五经》（第三卷），国际文化出版社公司1992年版，第796页。

② ［东汉］秦嘉：《述婚诗》，见逯钦立辑校《先秦汉魏晋南北朝诗·汉诗》，中华书局1998年版，第185页。

③ ［东晋］王献之：《杂帖》，见严可均辑《全晋文》（上），商务印书馆1999年版，第267页。

薄雾浓云愁永昼，瑞脑消金兽。佳节又重阳，玉枕纱橱，半夜凉初透。　　东篱把酒黄昏后，有暗香盈袖。莫道不消魂，帘卷西风，人比黄花瘦。

唐朝诗人李商隐一生致力于诗歌的写作，他幼年丧父、中年丧妻，心灰意冷，便前往东川节度使柳仲郢的府上当差。在他的接风宴上，众人都对这位情诗高手无比期待，其中一位姑娘仰慕李商隐的才华，在酒席中对他表示出了相当大的好感。李商隐虽然明白，但他还未从丧妻之痛中走出来，再加上自己的仕途不顺，使他有心无力，于是便写了一首诗来婉拒这个姑娘：

昨夜星辰昨夜风，画楼西畔桂堂东。
身无彩凤双飞翼，心有灵犀一点通。
隔座送钩春酒暖，分曹射覆蜡灯红。
嗟余听鼓应官去，走马兰台类转蓬。

前三句写了良辰美景、热闹非凡的美好生活，最后话锋一转，写的是自己就像蒲公英一样四处漂泊，没有一个可以落脚的地方，所以也给不了她想要的美好生活。虽是一封拒绝信，但也饱含情谊。

此后没过两年，李商隐便随柳仲郢调回长安。几年后，他就像是知道自己将要不久于人世一样，辞掉官职，带着儿女回到了最初跟妻子王氏住过的老房子。他躺在床上，看着妻子心爱的那把锦瑟，拖着病体硬是爬起来，写下了生命中最后一首怀念妻子的诗，也将他对妻子的思念推到了最高峰：

锦瑟无端五十弦，一弦一柱思华年。
庄生晓梦迷蝴蝶，望帝春心托杜鹃。

沧海月明珠有泪，蓝田日暖玉生烟。

此情可待成追忆，只是当时已惘然。

西汉才女卓文君，为巨商卓文孙之女，姿容姣美，精通音律，善弹琴。婚后，有一次回娘家省亲，遇到了当时还寂寂无名的司马相如，两人均被对方的才情所吸引，司马相如更是以一曲《凤求凰》打动了卓文君。两颗互相吸引的心冲破了当时的礼教世俗，夜奔而去。司马相如才华横溢，久居京城，日益显贵，在官场上也是混得风生水起，如鱼得水，如此便有了纳茂陵女子为妾的念头。卓文君听说后，便写了一封《诀别书》给司马相如，要与他断绝关系：

春华竞芳，五色凌素，琴尚在御，而新声代故！锦水有鸳，汉宫有木，彼物而新，嗟世之人兮，瞀于淫而不悟！朱弦断，明镜缺，朝露晞，芳时歇，白头吟，伤离别，努力加餐勿念妾，锦水汤汤，与君长诀！

司马相如收到卓文君的《诀别书》后，内心大为不忍，想起他们夫妻当年患难相随时候的柔情和甜蜜，随即就断了纳妾的念头，并给卓文君回信到：

五味虽甘，宁先稻黍。五色有灿，而不掩韦布。惟此绿意，将执子之釜。锦水有鸳，汉宫有木，诵子嘉吟，而回予故步。当不令负丹青，感白头也！

这封家书真诚感人、诗情并茂、刚柔并举，充满了对卓文君的愧疚之情。卓文君的聪明才智和对爱情的纯真深深地感动了司马相如，使他对自己的感情与生活进行了反思，并最终做出了“不令负丹青”的选择。

“黄花岗七十二烈士”之一的林觉民，在写给妻子陈意映的《与妻书》时，便是想到即将到来的生死未卜的起义以及自己的弱妻稚子，想到以后她们将独自面对这世间的纷扰磨难，思绪翻涌，不能自已，从而挥泪写下最后的家书，表达了自己对妻子的深深爱意，以及坚决推翻清政府黑暗统治的决心。

吾今以此书与汝永别矣！吾作此书时，尚为世中一人；汝看此书时，吾已成为阴间一鬼。吾作此书，泪珠和笔墨齐下，不能竟书而欲搁笔。又恐汝不察吾衷，谓吾忍舍汝而死，谓吾不知汝之不欲吾死也，故遂忍悲为汝言之。

吾至爱汝！即此爱汝一念，使吾勇于就死也！吾自遇汝以来，常愿天下有情人都成眷属，然遍地腥云，满街狼犬，称心快意，几家能够？司马青衫，吾不能学太上之忘情也。语云，仁者“老吾老以及人之老，幼吾幼以及人之幼”。吾充吾爱汝之心，助天下人爱其所爱，所以敢先汝而死，不顾汝也。汝体吾此心，于悲啼之余，亦以天下人为念，当亦乐牺牲吾身与汝身之福利，为天下人谋永福也。汝其勿悲。

这封家书是写在一块白色的正方形手帕上的。小小的手帕，婉转千余字的家书，可谓是字字情深、句句意重。林觉民临终前的这封家书，以缠绵之情回想夫妻间的点滴生活，以激昂之心直陈为天下捐躯的宏愿，儿女情长和报效国家被他完美地融合到了一起，表现出了一个革命者的高尚情操和宽广胸怀。

夫妻之间随着长时间的相处，绝大部分已经由最初的爱情转换为亲人之间的亲情，如果其中一方离去，无疑会给另一方留下无限的伤痛与怀念。唐朝诗人元稹的原配妻子韦丛是太子少保韦夏卿的小女，结婚时她 20 岁，元稹 25 岁。婚后生活比较贫困，但韦氏很贤惠，毫无怨言，夫妻感情很好。过了七年，元稹被贬任监察御史时，韦氏就病死了，年仅 27 岁。贤淑聪慧的妻子盛年而逝对元稹打击很大，他常常夜不能寐，由于难遣伤痛，他写下了有名的悼亡诗《遣悲怀三首》，以悼念自己的亡妻，其中“同穴窅冥何所望，他生缘会更难期。惟将终夜长开眼，报答平生未展眉”更是表达了他死后希望可以跟妻子合葬的真切情感，令人唏嘘。

无独有偶，北宋文学家苏轼与自己的妻子王弗情深意笃、恩爱有加，两人经常在一起讨论政事、诗词，虽说是夫妻，但更像是良师益友。奈何王弗早逝，而苏轼与朝中权臣不和，外任多年，抑郁不得志，梦中梦到亡妻，便写下了悼念亡妻的《江城子・乙卯正月二十日夜记梦》：“十年生死两茫茫，不思量，自难忘。千里孤坟，无处话凄凉。纵使相逢应不识，尘满面，鬓如霜。……”此时苏轼正在密州任知州，他的妻子王弗离开他已经整整十年。王氏虽然离去很久，但却丝毫不影响她在苏轼心中的地位。此悼亡词表达了苏轼十年来政治生涯的不幸遭遇和无限感慨，也反映了他对亡妻难以忘怀的真挚情感和深沉的记忆。

（二）诫子家书，诗礼之训

父子关系是人伦之本，诫子家书是长辈对晚辈的教诲之言，是一种独特的文化。传统家庭教育最主要的内容是向子孙进行修身教育，长辈以己之经验对晚辈于立志、读书、待人等各个方面进行谆谆教导，其中包含了饱经沧桑的人生体验。训诫家书“最主要者首先是为人处世齐家治国之道，其中许多真知灼见，体现了我国传统的伦理道德或生活中的切身经验”①。家书作者

① 谭家健：《六朝文章新论》，北京燕山出版社 2001 年版，第 389 页。

们以家书训诫后辈，以此督促他们在学识和道德方面有所长进。刘备更是在家书中直言“不复自伤，但以卿兄弟为念”①。陶渊明虽毕生坚持安贫乐道，但在《与子俨等疏》中也表达了“家贫无役”，使稚子饱受“柴水之劳”的惭愧与无奈，流露出一位平凡父亲对子女的浓厚情感。徐勉用一生的躬身实践来教导子女“以清白遗子孙，不宜厚乎?”②，勉励子女要给子孙后辈树立良好的榜样。

南宋理学大师朱熹曾撰写《四书集注》，他提倡要“易子而教”，于是把儿子送到另一位儒学大师吕祖谦那里去学习，临行前告诫儿子“凡事谦恭，不得尚气凌人”③。在给儿子的信中，他循循善诱，将自己的治学经验和教育经验结合起来，认为教人学习最主要的是教会他善于向别人学习。不仅如此，他还以儒家思想为基础，在衣食住行、言谈举止、待人接物的日常生活中对儿子做了具体规范，要求他遵循不违，对于自己没有提到的地方，让他学会举一反三、推而广之，以此来应对遇到的各种事物。正是因为朱熹这种善于向别人学习的精神，才有了“问渠那得清如许，为有源头活水来”“纸上得来终觉浅，绝知此事要躬行”的千古名句。古人云：“圣贤千言万语，教人且从近处作去。”为此，他把社会伦理和治学方法具体化、条理化，让儿子遵照履行。

北宋史学家司马光，为人光明磊落、温良谦恭，颇得人心。他在写给儿子司马康的信中以“俭”字为中心，巧妙地运用举例和对比的方法进行层层剖析，得出了“俭，德之共也；侈，恶之大也”的结论。司马光认为，人与人的交往，不能繁复化，那样只会产生狭隘的心胸与偏执的心态，导致人与

① 丁振宇：《中华名人家书》，北京工业大学出版社 2015 年版，第 45 页。

② 丁振宇：《中华名人家书》，北京工业大学出版社 2015 年版，第 57 页。

③ 丁振宇：《中华名人家书》，北京工业大学出版社 2015 年版，第 67 页。

人之间彼此猜疑，相互设防，使原本和谐亲密的关系变得支离破碎。只有不去攀比，不去看别人怎么生活，才能甘守清贫，“为自己举杯庆贺”，才能在简朴的生活中找到快乐，才能够“无欲则刚”，感受生活中的轻松之美。

清代文学家纪晓岚，才华横溢，文思敏捷，勤奋好学，博古通今。他机智诙谐，常常语出惊人，盛名当世，很得乾隆皇帝的赏识，官至礼部尚书，嘉庆皇帝御赐碑文“敏而好学可为文，授之以政无不达”。他的儿子初入仕途时，他曾写信给儿子，要他“择交宜慎，友直、友谅、友多闻，益矣”①。他还告诉儿子，误交真小人不可怕，可怕的是误交伪君子，因为伪君子道貌岸然，不像真小人一眼就能看出来。

纪晓岚对儿子的爱不仅表现在对仕途和交友的指引上，在生活中的指引更是与众不同。在那个以做官为终极目标的时代，纪晓岚却买了百亩良田，“欲使尔等随时学稼，将来得为安分农民”，告诫儿子不能轻视农民，更不要觉得农民是下等人，正是因为农民披星戴月起早贪黑，竭尽全力地辛勤劳动，才养活了天下之人，假若世上没有农民，人们都会饿死。“可知农居四民之首，士为四民之末，农夫披星戴月，竭全力以养天下之人，世无农夫，人皆饿死，乌可贱视之乎?”纪晓岚给儿子的信中，没有豪言壮语，只有涓涓细语，却将对儿子的关爱之情表达得淋漓尽致，一个慈父的形象跃然纸上。

林则徐被称为我国近代“开眼看世界”的人。1838 年，道光皇帝派他为钦差大臣，到广东禁烟，他在给儿子林汝舟的信中写道：“有朋应酬，虽不可少，而亦要有限制”，“闲是闲非，不特少管，更应少听”。② 告诫儿子要慎思慎行，甚至有一点“明哲保身”的态度。他告诫儿子在朝廷做事要“胸有

① 于欣然：《中国历代家书精华》，中国社会出版社 2005 年版，第 195 页。

② 丁振宇：《中华名人家书》，北京工业大学出版社 2015 年版，第 79 页。

成竹，立定脚跟”，这样才能掌握自己的人生方向，不会被宦海的风波席卷而去。林则徐还根据自己多年的阅历经验，教导儿子“若才不逮而思徼幸，或力不及而谋躐等，又或胸无主宰，盲人瞎马，则祸患之来，不旋踵矣”。

（三）兄弟家书，兄弟怡怡

历史的长河中，兄弟姊妹之间的书信是数量较多、内容丰富的一类。就其具体内容而言，有孔臧《与侍中从弟安国书》、班固《与弟超书》、陆云《与兄平原书》、李鸿章《寄四弟》、沈从文《写给三弟沈荃的信》，既有论政谈兵之文，也有述说家庭琐事、倾诉离别之情之书。

由于此类家书的作者与受者皆属同辈，因此其行文既有别于夫妻之书的委婉含蓄，也不同于戒子类家书的敦厚严谨，而多以开门见山、直言不讳为主。无论是品学论文、论政谈兵，还是谈及家庭琐事，作者大都略言直说。

三国时的刘廙在知道弟弟结交了魏讽这样不务实际、到处招摇的人之后，写信给弟弟说“交友之美在于得贤”，而不是在多，选择朋友要注意品行的好坏，而不能“不审择人”。违背了圣人关于交友的教诲，不仅不能爱护自己，更不能帮助别人。

北宋文学家苏轼被贬，兄弟分离，面对突如其来的政治打击，他没有怨艾哀叹，而是以笔抒怀，“明月几时有？把酒问青天。不知天上宫阙，今夕是何年。我欲乘风归去，又恐琼楼玉宇，高处不胜寒。起舞弄清影，何似在人间。……”此时的苏轼虽然没有锦衣玉食，却有着超然达观的胸襟，以苦作乐，傲视磨难，把艰苦的境遇描述得充满乐趣，即使晚年被远贬海南，备尝艰辛，九死一生，但他的心中仍然是春光无限，“春牛春杖，无限春风来海上，便丐春工，染得桃红似肉红”①。

---

① 丁振宇：《中华名人家书》，北京工业大学出版社2015年版，第181页。

三、励志报国

自古以来，有识之士皆以立德、立功、立言的内圣外王之道作为自己的人生目标，所谓“士之生世，入则事父，出则事君；事父尚于荣亲，事君贵于兴国”①。忧国忘家，捐躯济难，流露出对黎民百姓的关注，对社会苦难的忧虑，而所谓家书的政治教化，实际上也正是通过强调这种情感的共鸣来培养、激发家书接受者对社会、百姓的深切关怀与历史责任。而立德、立功、立言的前提，就是要提升自身的价值，树立志向，在民族危难面前，在国家召唤的时候，才能有非凡的勇气，义无反顾地走向前线。

清朝大臣左宗棠，少有大志，常以“身无半亩，心忧天下；读破万卷，神交古人”② 自诩。他督办新疆军务时，阻遏了俄、英对新疆的侵略。史学界认为，左宗棠是自唐太宗以后对国家领土贡献最大的人物。后人有诗称赞他：“大将出征人未还，湖湘子弟满天山。新栽杨柳三千里，赢得春风度玉关。”③ 正是这样一个在政治上建树颇多、在文学修养方面造诣颇深的人，对女婿陶少云写道：

> 学业才识，不日进，则日退。须随时随事，留心著力为要。事无大小，均有一当然之理，即事穷理，何处非学？昔人云：“此心如水，不流即腐。”张乖崖亦云：“人当随事用智。”此为无所用心一辈人说法。果能日日用心，则一日有一日之长进；事事留心，则一事有一事之长进。由此累积，何患学业才识不能及人邪！

---

① ［魏］曹植《求自试表》，见严可均辑《全三国文》（上），商务印书馆 1999 年版，第 148 页。

② 丁振宇：《中华名人家书》，北京工业大学出版社 2015 年版，第 228 页。

③ 丁振宇：《中华名人家书》，北京工业大学出版社 2015 年版，第 228 页。

做官能称职，大不容易。做一件耗时，亦须几番盘根错节而后有成。昔人事业到手，即能处措裕如，均由平常留心经验，能明其理习于其事所致。未有当前遇事放过，而日后有成者也。

在这封信中，左宗棠提出“学业才识，不日进，则日退。须随时随事，留心著力为要”的观点，可谓真知灼见。学习就是人们认识客观世界、修炼道德情操的过程，也是积聚能量、自我充实完善的过程，更是锲而不舍、镂金刻石的过程。要使自己不断进步，不仅要有学习的渴望和毅力，还要有善学的智慧和追求。晋代诗人陶渊明曾说：“勤学如春起之苗，不见其增，日有所长；辍学如磨刀之石，不见其损，日有所亏。”① 学习亦如逆水行舟，不进则退。而对于信中强调的“留心”，只有日日、事事留心，才有可能积累经验、增长见识，也才有可能达到最后的成功。

清末洋务运动重要人物张之洞在给儿子的信中写道：“不必节俭而自节俭，学业不荒；不欲努力而自努力，光阴可贵。”② 告诫儿子要保持节俭之风，远离奢侈贪欲的诱惑，奋发向上，开拓进取。这些信告诫子孙，修身乃为人之本，学习为梦想之源，只有读书才能自强、才能报国。

少年英雄夏完淳在明亡后，“揭竿报国，束发从军”，跟随父亲夏允彝、老师陈子龙参加抗清活动。在父亲自沉而亡后，继承父志，继续抗清斗争，后因消息泄露被捕。在狱中，他泰然自若，谈笑自如，将生死置之度外，写下《狱中上母书》，向母亲表白自己忠贞不屈的爱国之心，他写道：

人生孰无死，贵得死所耳！父得为忠臣，子得为孝子，含笑归太

---

① 丁振宇：《中华名人家书》，北京工业大学出版社 2015 年版，第 229 页。

② 丁振宇：《中华名人家书》，北京工业大学出版社 2015 年版，第 84 页。

虚，了我分内事。大道本无生，视身若敝屣。但为气所激，缘悟天人理。恶梦十七年，报仇在来世，神游天地间，可以无愧矣！

在信中，他坦然面对死亡，既无避讳侥幸，也无畏惧瑟缩。他认为自己“以身殉父”是为国尽忠，但“不得以身报母”，虽有亏孝道但无愧于心，最终含笑赴死。在大义与孝道之间，夏完淳选择“舍生取义”，发出“人生孰无死，贵得死其所耳”的慷慨之声，正可谓“少年英雄，气节高古，一缕忠魂，可标千秋”。而这种深明大义，与夏明翰烈士的就义诗“砍头不要紧，只要主义真，杀了夏明翰，还有后来人”的精髓不谋而合。

近代工程师詹天佑在明知自己身患重症的情况下，仍毅然决然接受了要他作为中国政府代表，修建中东铁路的技术监管工作。他在给二女儿詹蕙颜的信中说道：“明知甚难，亦须应允前往。”在去世前，惦念的依然是中华工程师学会、汉粤川路等相关事务，并留下了“各出所学，各尽所知，使国家富强不受外辱，足以自立于地球之上”① 的名句，赢得后人的高度评价，连周恩来总理也称赞他是“中国人的光荣”。

家书对后世的影响不仅表现在读书励志上，同时也表现在激发世人爱国之情上。

早在王莽之乱时，邳彤为了帮助刘秀完成建国大业，在其家人被捕于敌人之手时，他在《报父弟妻子书》中就直言“事君者不得顾家”，并且还说：“彤亲属所以至今得安于信都者，刘公之恩也。公方争国事，彤不得复念私也。”邳彤初仕王莽，正值刘秀征讨河北，于是举城投降，刘秀封他为太守，保全了他的族人，因此邳彤在刘秀与王莽抗争之时，毅然拥护刘秀，坚守城池，不以族亲私情为念。这封家书态度明确，语气肯定，既向敌方表明了自

---

① 丁振宇：《中华名人家书》，北京工业大学出版社 2015 年版，第 91 页。

己忠于刘秀的坚定信念，也使家书的接受者以及后世读者感受到了其大义凛然、忧国忘家的精神。

西晋末年的刘琨，面对五胡乱华、国破家亡的乱象，在战场上抱甲负戈，忠义奋发，在给外甥卢谌的家书中写道：

自顷辀张，困于逆乱，国破家亡，亲友凋残；负杖行吟，则百忧俱至；块然独坐，则哀愤两集。时复相与举觞对膝，破题而笑，排终身之积惨，求数刻之暂欢。譬由疾疢弥年，而欲以一丸销之，其可得乎？①

信中刘琨面对残酷的现实，有着冷静的认识，正是这种理智的清醒，使得国破家亡的忧愤时刻伴随着刘琨。不论是“负杖行吟”，还是“块然独坐”，终究是难以排解的“积惨”之恨，让我们真正感动的，正是其殚精竭虑、忧国忘己的忠君爱国之心。

第四节　著名家书选读

中华文化源远流长，书信虽然只是其中的一个小小分支，但也闪烁着真善美的迷人光彩。而在浩瀚如海的书信中，家书又有着极其重要的地位。家庭是家学传承、道德修养、人格塑造的第一个课堂，家书则是信息传递、情感沟通和规范制约的重要载体。家书的内容极其丰富，无论是亲友间的闲侃神聊、恋人间的依依呢喃，还是长辈们的苦口婆心，无不直抒胸臆、坦诚相见，从各个方面反映了特定历史时期的社会生活和时代风貌，掀开了人们心中最真实的一角，展现了人们各种各样的思想感情，是我国优秀文化遗产的

① ［晋］刘琨：《答卢谌书》，见严可均辑《全晋文》（中），商务印书馆1999年版。

重要组成部分。

家书也是难得的文学作品。他们是写给亲人看的，所以少了一些做作，也没有刻意地追求章法结构、辞藻押韵，有的只是作者真挚的情感以及艺术上的自然洗练。然而也正是这些随笔挥洒、洞见肺腑的文字成为世间第一等见性情、有血肉、存真知、含灼见的好文章。

第一篇 禀父母

曾国藩禀父母家书

原文

男国藩跪禀父亲母亲大人膝下：

去年十二月十六日，男仔汉口寄家信，付湘潭人和纸行，不知已收到否？后于二十一日在汉口开车。二人共雇二把手小车六辆，男占三辆半。行三百余里，至河南八里汉度岁。正月初二日开车，初七日至周家口，即换大车。雇三套篷车二辆，每套钱十五千文。男占四套，朱占二套。初九日开车，十二日至河南省城，拜客耽搁四天，获百余金。十六日起行，即于是日三更趁风平浪静渡黄河。二十八日到京。一路清吉平安，天气亦好，惟过年二天微雪耳。

到京在长郡会馆卸车。二月初一日移寓南横街千佛庵。屋四间，每月赁钱四千文，与梅、陈二人居址甚近。三人联会，间日一课。每课一赋一诗誊真。初八日是汤中堂老师大课，题“智若禹之行水赋”，以“行所无事则智大矣”为韵，诗题赋得“池面鱼吹柳絮行”得“吹”字。三月尚有大课一次。

同年未到者不过一二人，梅、陈二人皆正月始到。岱云江南、山东之行无甚佳处，到京除偿债外，不过存二三百金，又有八口之家。

男路上用去百金，刻下光景颇好。接家眷之说，郑小珊现无回信。伊若允诺，似尽妥妙；如其不可，则另图善计，或缓一二年亦可，因儿子太小故也。

家中诸事都不挂念，惟诸弟读书不知有进境否？须将所作文字诗赋寄一二首来京。丹阁叔大作亦望寄示。男在京一切谨慎，家中尽可放心。

又禀者，大行皇后于正月十一日升遐，百日以内禁剃发，期年禁燕会音乐。何仙槎年伯于二月初五日溘逝。是日男在何家早饭，并未闻其大病，不数刻而凶问至矣。没后，加太子太保衔。其次子何子毅，已于去年十一月物故。自前年出京后，同乡相继殂逝者：夏一卿、李高衢、杨宝筠三主事，熊子谦、谢　庵及何氏父子凡七人。光景为之一变。男现慎保身体，自奉颇厚。

季仙九师升正詹，放浙江学政，初十日出京。廖钰夫师升尚书。吴甄甫师任福建巡抚。朱师、徐师灵榇并已回南矣。詹有乾家墨，到京竟不可用，以胶太重也。拟仍付回，或退或用随便。接家眷事，三月又有信回家中。信来，须将本房及各亲戚家附载详明，堂上各老人须一一分叙，以烦琐为贵。

谨此跪禀万福金安

二十年二月初九日

作者简介：

曾国藩（1811—1872），字伯涵，号涤生，谥文正，湖南湘乡白杨坪（今属双峰）人。晚清重臣，清末洋务派和湘军首领。道光进士，曾任内阁学士和礼部侍郎等职。曾国藩崇尚学问及修身，主张以理学经世。

这封信是目前存世的曾国藩家书中年代最早的一封。道光十八年，曾国藩在第三次会试中以殿试三甲第四十二名的名次，被赐同进士出身，再后来的朝考中，曾国藩又考取了一等第三名，非常赏识曾国藩的道光帝特意提拔他为第二名，命其进入翰林院担任庶吉士。庶吉士并不是实职官员，但前途无量。在庶吉士通过三年后还有一次考试，当时称为散馆，只有散馆合格者才能真正留在翰林院，如果不合格，则会去地方担任县令或者分配到各部任职，从此失去进入核心阶层的机会。散馆之前的三年时间，曾国藩请假回湖南读书。写这封信之前，曾国藩来到北京参加散馆考试并顺利通过，领七品衔，授职翰林院检讨，成为京师一名小官员。

这封信是曾国藩刚抵达北京时写给父母的平安家信。曾国藩来到北京后，非常挂念家中父母，同时他对诸弟的学业也非常上心，而家中诸弟看到长兄点了翰林，在羡慕之余也希望自己能以长兄为榜样，早日科举中第，因此很希望得到大哥的指点。曾国藩是个家庭观念非常重的人，自己也认为做兄长的指点诸弟责无旁贷，所以一到京城，便写信催促父母把诸弟所作文章寄给自己，以便随时指导。于是在这封信中，在向父母报平安之余，曾国藩也特意提到此事。

品读：

曾国藩是晚清名臣，也是一个极具家族观念的传统儒家文化的传承人。进京之后，曾国藩立即写信给父母，并在信中连琐碎之事都一一言明，可见父母在曾国藩心中的地位。作为曾家的长子，曾国藩挂念的是诸弟的学业。其实除了顾念兄弟之情外，曾国藩希望诸弟能效仿自己，建立功名，为祖上争光，这是典型的中国传统儒家思想。中国传统文化视家乡为“根”，无论走多远，叶落归根总是游子最后的去向。在信中，曾国藩向父母写道“以烦琐为贵”，这五个字体现了一个远方游子时刻挂念家人，希望从各方面了解家中情况的心情。即使后来妻子来京，曾国藩仍对家乡琐事非常关心，可以说，曾国藩是一位传统中国人的典型代表。

鲁迅写给母亲的信

原文

母亲大人膝下：

敬禀者，不寄信件，已将两月了，其间曾托老三代陈大略，闻早已达览。男自五月十六起，突然发热，加以气喘，从此日渐沉重，至月底，颇近危险，幸一二日后，即见转机，而发热终不退。到七月初，乃用透物电光照视肺部，始知男盖从少年时即有肺病，至少曾发病两次，又曾生重症肋膜炎以此，现肋膜变厚，至于不通电光，但当时竟并不医治，且不自知其重病而自然痊愈者，盖身体底子极好之故也。现今年老，体力已衰，故旧病一发，遂竟缠绵至此。近日病状，几乎退尽，胃口早已复元，脸色亦早恢复，惟每日仍发微热，但不高，则凡生肺病的人，无不如此，医生每日来注射，据云数日后即可不发，而且再过两星期，也可以停止吃药了。所以病已向愈，万请勿念为要。海婴已以第一名在幼稚园毕业，其实亦不过“山中无好汉，猢狲称霸王”而已。

专此布达，恭请金安。

男树叩上七月六日广平海婴同叩

作者简介：

鲁迅（1881—1936），原名周树人，字豫才，浙江绍兴人。中国现代伟大的文学家、思想家、革命家。鲁迅的作品包括杂文、短篇小说、评论、散文、翻译作品等，对于五四运动以后的中国文学产生了深刻的影响。

品读：

虽然这封信写于生病之时，但在信中鲁迅不仅没有流露出被病痛折磨的痛苦和颓废，而且字里行间还充满了坚强乐观。在信中，鲁迅把自己两个多月以来的病症变化告诉母亲，并宽慰母亲："近日病状，几乎退尽，胃口早已复元，脸色亦早恢复，惟每日仍发微热，但不高。"可见鲁迅是一位非常体谅老人的人。世界上最纯真的爱莫过于母爱，鲁迅知道母亲一定会担心自己，只好如此宽慰老人。其实，我们也能看到，鲁迅在宽慰母亲的同时，也有着自我的鼓励。他通过这些乐观的声音，表达出自己对生命的热爱和对生活的眷恋。正是这样，鲁迅才让我们看到了一个在疾病面前乐观坚强的伟人形象。

张海迪致父母的信

原文

亲爱的爸爸、妈妈，最亲爱的小燕子：

你们好！

妈妈给我的信收到了，知道你们很挂念我。本来我应该早点给你们写信，可是因为我做了小脑延髓池穿刺，只能躺着，再者，头还有些痛。

爸爸好吗？我十分想念您，希望爸爸注意饮食，多锻炼身体，如果工作太累就休息一下。

妈妈最近怎么样？您的肝炎又犯了吧？您不要为我操那么多心。我在医院里一切都好。那天下午小脑延髓池穿刺基本顺利。当然，这种检查时非常痛苦的，但我忍受下来了。妈妈，我比别人从小到大要多遭多少罪呀！不过我即使不能在运动上战胜它，我在精神上战胜它。

小耿已经把我的病例寄来了，虽然预后不良，但我还是没有失去信心。请你们放心，我一定努力配合医生的治疗，争取最后一次手术成功，当然我也做了最坏的打算，这没有什么了不起的，对吧？因为我是永远乐观的人。

最近莘县怎么样？你们常碰到我们的院长么？我曾给他写过一信，我来这里这些天，很想念我那间简陋的针灸室哪，工作着是多么美好啊！虽然累，但心里总觉得愉快呀！不管怎么样，我现在是盼着治好病回去上班。

妈妈给我寄点布票来好吗？我想买件劳动布的上衣，那很结实，等我的病治好，穿着回去。

另外，我要的《精神病学》是有很多照片的那一本。还有，请卢老师把《药物手册》捎来。

祝

爸爸妈妈工作顺利！替我亲亲小燕子！

你们的女儿玲玲

1976 年 12 月 4 日于济南二院北一病房

作者简介：

张海迪（1955—　），山东文登人，中国著名残疾人作家，哲学硕士。现任全国政协常委，中国残疾人联合会主席，中国作家协会委员，山东省作家协会副主席。5 岁时因患脊髓血管瘤，高位截瘫。15 岁时随父母下放聊城莘县一个贫穷的小村子，为了学习医学知识，克服了残疾带来的种种困难。1983 年开始文学创作，经过不懈的努力，成功出版了《绝顶》《轮椅上的梦》等优秀作品。1983 年 3 月 7 日，共青团中央在北京举行命名表彰大会，授予张海迪“优秀共青团员”称号。

品读：

作为一代人心中的偶像，张海迪曾是无数青年人心中自强不屈的象征。在感叹张海迪身残志坚的同时，我们从她的经历中可以想象到她承受了多么大的痛苦。然而在这封信中，我们却看到一个乐观、积极向上的小姑娘，以及她对知识孜孜不倦的追求。在小时候，张海迪就写下自己的愿望：我要自立，长大了要为人民做点事，成为一个有用的人。对普通人，这个愿望不算特别难以实现，但对一位高位截瘫的女孩来说却不容易，而这个愿望却奇迹般地实现了，因为张海迪是个对生命充满信心的人。

方声洞写给父亲的信

原文

父亲大人膝下，跪禀者：

此为儿最后亲笔之禀，此禀果到家，则儿已不在人世者久矣。儿死不足惜，第此次之事，未曾禀告大人，实为大罪。故临死特将其就死之原因为大人陈之……迩者海内外诸同志共谋起义，以扑满政府，以救祖国；祖国之存亡，在此一举。事败则中国不免于亡，四万万人皆死，不特儿一人；如事成则四万万人皆生，儿虽死亦乐也。只以大人爱儿切，故临死不敢不为禀告，但望大人以国事为信，勿伤儿之死，则幸甚矣！

夫男儿在世，不能建功立业以强祖国，使同胞享幸福；奋斗而死，亦大乐也。且为祖国而死，亦义所应尔也。儿刻已念有六岁矣，对于家庭本有应尽之责任。只以国家不能保，则身家亦不能保，即为身家计，亦不能不于死中求生也。儿今日极力驱满，尽国家之责任者，亦即所以保卫身家也。他日革命成功，我家之人，皆为中华新国民，而子孙万世，亦可以长保无虞，则儿虽死，亦瞑目于地下矣！惟从此以往，一切家事均不能为大人分忧，甚为抱憾，幸有涛兄及诸孙在，则儿或可稍安于地下也。惟祈大人得信后，切不可过于伤心，以碍福体，则儿罪更大矣。幸谅之！

兹附上致颖媳信一通，俟其到汉时面交，并祈得书时即遣人赴日本接其归国。因彼一人在东，无人照料，种种不妥也。如能早归，以尽子媳之职，或能轻儿不孝之罪。临死，不尽所言。惟祈大人善保玉体，以慰儿于地下。旭孙将来长成，乞善导其爱国之精神，以为将来为国报仇也。临书不尽企祷之至。

敬请万福金安

儿声洞赴义前一日禀于广州城，家中诸大人，及诸兄弟姐妹、诸嫂、诸侄儿女、诸亲戚统此告别。

作者简介：

方声洞（1886—1911），字子明，福建闽侯人。曾在福州念私塾，自幼聪明机警，胆略过人，口才极好。虽生于富商家庭，但坦率、诚挚，尚气节、重承诺。青年时代起，他就怀有挽救民族危亡、献身革命事业的信念。逢人痛论国事，力主倾覆清王朝。1911 年 4 月 27 日，在黄兴的率领下，和林觉民、林尹民、林文、刘元栋等人猛攻入广东督署。激战中，方声洞亦中弹，最后弹尽力竭而死，时年 25 岁，葬黄花岗烈士陵园，为黄花岗七十二烈士之一。

品读：

这封革命者用生命谱写的战斗乐章可谓是豪气冲天、言辞悲壮，将革命烈士从容赴死的情景展现在读者面前。战场之上兵戎相见，生死就在一线。在奔赴战场之时，方声洞在信中没有表现出对生的留恋与不舍，满腔的革命热情让他坚定了挽救国家危亡的决心。他在信中强调："男儿在世，不能建功立业以强祖国，使同胞享幸福；奋斗而死，亦大乐也。且为祖国而死，亦义所应尔也。"他在给妻子的信中道："吾为大义而死，死得其所，亦可以无憾矣。"他坚定的态度呈现出一个革命者对祖国、对人民的热爱，同时也显现出革命英雄面对牺牲时的大无畏气概。

第二篇　勉儿女

戒子歆书

原文

告歆无忽：若未有异德，蒙恩甚厚，将何以报？董生有云："吊者在门，贺者在闾。"言有忧则恐惧敬事，敬事则必有善功，而福至也。又曰："贺者在门，吊者在闾。"言受福则骄奢，骄奢则祸至，故吊随而来。齐顷公之始，借霸者之余威，轻侮诸侯，亏之容，故被鞍之祸，遁服而亡，所谓"贺者在门，吊者在闾"也。兵败师破，人皆吊之，恐惧自新，百姓爱之，诸侯皆归其所夺邑，所谓"吊者在门，贺者在闾"也。今若年少，得黄门侍郎，要显处也。新拜皆谢，贵人叩头，谨战战栗栗，乃可必免。

作者简介：

刘向（约前77—前6），西汉经学家、目录学家、文学家。本名更生，字子政，江苏沛县人。我国最早的目录学著作《别录》就是刘向主持编纂的。刘向的儿子刘歆也是经学家、目录学家，父子二人曾共同校正皇家藏书。这封信是刘歆担任黄门侍郎时刘向写给他的，目的是为了劝勉儿子在做人做事方面要心存警惕、态度恭谨，切忌骄奢懈怠。

品读：

在这封信中，刘向作为父亲，借用了董仲舒的两句话："吊者在门，贺者在闾"和"贺者在门，吊者在闾"，告诫儿子要居安思危，官途顺畅时要保持忧患意识，办事要谨慎认真。正因为担心儿子年少得志，骄傲放纵，刘向才写了这封家书作为警示。

刘向认为，人在有担忧哀伤的事情时会心中警惕，做事恭谨，事情也就容易取得成功。同理，在为人处事方面考虑周全，心存忧虑，时刻保持清醒的头脑，认清形势的变化，人生就会顺畅，祸就会转变为福。反过来，如果纵欲享乐、骄奢自满，就必然会引来灾祸。一个人如果一味沉溺于享乐中，就会对周围的环境变化感到麻木，失去对潜伏危机的判断力，从而导致自己对灾祸的预防和抵抗力下降，最后的下场必定是失败，那么福也会转变为祸。

戒子益恩书

原文

吾家旧贫，不为父母群弟所容，去厮役之吏，游学周、秦之都，往来幽、并、兖、豫之域；获觐乎在位通人，处逸大儒，得意者咸从捧手，有所受焉。遂博稽六艺，粗览传记，时睹祕书纬术之奥。年过四十，乃归供养，假田播殖，以娱朝夕。

遇阉尹擅势，坐党禁锢，十有四年，而蒙赦令。举贤良方正、有道，辟大将军三司府，公车再召。比牒并名，早为宰相。惟彼数公懿德大雅，克堪王臣，故宜式序。吾自忖度，无任于此；但念述先圣之元意，思整百家之不齐，亦庶几以竭吾才；故闻命罔从。而黄巾为害，萍浮南北，复归邦乡。入此岁来，已七十矣。

宿素衰弱，仍有失误。案之礼典，便合传家。今我告尔以老，归尔以事；将闲居以安性，覃思以终业。自非拜国君之命，问族亲之忧，展敬坟墓，观省野物，胡尝扶杖出门乎？家事大小，汝一承之！

咨！尔茕茕一夫，曾无同生相。其勖求君子之道，研钻勿替；敬慎威仪，以近有德。显誉成于僚友，德行立于己志。若致声称，亦有荣于所生，可不深念邪？

吾虽无绂冕之绪，颇有让爵之高；自乐以论赞之功，庶不遗后人之羞。

末所愤愤者，徒以亡亲坟垄未成，所好群书，率皆腐敝，不得于礼堂写定，传与其人。日西方暮，其可图乎？

家今差多于昔；勤力务时，无恤饥寒。菲饮食，薄衣服，节夫二者，尚令吾寡恨。若忽亡不识，亦已焉哉！

作者简介：

郑玄（127—200），字康成，北海郡高密（今山东高密）人，东汉末年经学大师。曾入太学攻《京氏易》《公羊春秋》《三统历》《九章算术》，又从张恭祖学《古文尚书》《周礼》《左传》等，最后从马融学古文经。游学归里之后，复客耕东莱，聚徒授课，弟子达数千人，终为大儒。党锢之祸起，遭禁锢，杜门注疏，潜心著述。以古文经学为主，兼采今文经说，遍注群经，著有《天文七政论》《中侯》等书，共百万余言，世称“郑学”，为汉代经学的集大成者。

品读：

郑玄对儿子并没有进行一般的说教，而是通过对自己一生求学经历的回忆，娓娓叙述了其淡泊名利、一心求学的坚定志向。学术被他视作生命的核心，荣华富贵对于他来说没有吸引力。即使到了老年，他心里想的还是补充改订自己的著作，整修自己的藏书。他丝毫不隐瞒自己的这些想法，而是坦率地告诉儿子，其磊落的胸怀和豁达的人生态度跃然纸上。

训俭示康

原文

吾本寒家，世以清白相承。吾性不喜华靡，自为乳儿，长者加以金银华美之服，辄羞赧弃去之。二十忝科名，闻喜宴独不戴花。同年曰：“君赐不可违也。”乃簪一花。平生衣取蔽寒，食取充腹；亦不敢服垢弊以矫俗干名，但顺吾性而已。众人皆以奢靡为荣，吾心独以俭素为美。人皆嗤吾固陋，吾不以为病。应之曰：孔子称“与其不逊也宁固”；又曰“以约失之者鲜矣”；又曰“士志于道，而耻恶衣恶食者，未足与议也”。古人以俭为美德，今人乃以俭相诟病。嘻，异哉！

近岁风俗尤为侈靡，走卒类士服，农夫蹑丝履。吾记天圣中，先公为群牧判官，客至未尝不置酒，或三行、五行，多不过七行。酒酤于市，果止于梨、栗、枣、柿之类；肴止于脯、醢、菜羹，器用瓷、漆。当时士大夫家皆然，人不相非也。会数而礼勤，物薄而情厚。近日士大夫家，酒非内法，果、肴非远方珍异，食非多品，器皿非满案，不敢会宾友，常量月营聚，然后敢发书。苟或不然，人争非之，以为鄙吝。故不随俗靡者，盖鲜矣。嗟乎！风俗颓弊如是，居位者虽不能禁，忍助之乎！

又闻昔李文靖公为相，治居第于封丘门内，厅事前仅容旋马，或言其太隘。公笑曰：“居第当传子孙，此为宰相厅事诚隘，为太祝奉礼厅事已宽矣。”参政鲁公为谏官，真宗遣使急召之，得于酒家，既入，问其所来，以实对。上曰：“卿为清望官，奈何饮于酒肆？”对曰：“臣家贫，客至无器皿、肴、果，故就酒家觞之。”上以无隐，益重之。张文节为相，自奉养如为河阳掌书记时，所亲或规之曰：“公今受俸不少，而自奉若此。公虽自信清约，外人颇有公孙布被之讥。公宜少从众。”公叹曰：“吾今日之俸，虽举家锦衣玉食，何患不能？顾人之常情，由俭入奢易，由奢入俭难。吾今日之俸岂能常有？身岂能常存？一旦异于今日，家人习奢已久，不能顿俭，必致失所。岂若吾居位、去位、身存、身亡，常如一日乎？”呜呼！大贤之深谋远虑，岂庸人所及哉！

御孙曰：“俭，德之共也；侈，恶之大也。”共，同也；言有德者皆由俭来也。夫俭则寡欲，君子寡欲，则不役于物，可以直道而行；小人寡欲，则能谨身节用，远罪丰家。故曰：“俭，德之共也。”侈则多欲。君子多欲则贪慕富贵，枉道速祸；小人多欲则多求妄用，败家丧身；是以居官必贿，居乡必盗。故曰："侈，恶之大也。"

昔正考父饘粥以糊口，孟僖子知其后必有达人。季文子相三君，妾不衣帛，马不食粟，君子以为忠。管仲镂簋朱纮，山节藻棁，孔子鄙其小器。公叔文子享卫灵公，史鳝知其及祸；及戌，果以富得罪出亡。何曾日食万钱，至孙以骄溢倾家。石崇以奢靡夸人，卒以此死东市。近世寇莱公豪侈冠一时，然以功业大，人莫之非，子孙习其家风，今多穷困。其余以俭立名，以侈自败者多矣，不可遍数，聊举数人以训汝。汝非徒身当服行，当以训汝子孙，使知前辈之风俗云。

作者简介：

司马光（1019—1086），字君实，号迂叟，北宋史学家、文学家、政治家。他为人光明磊落、温良谦恭，很得人心。史书记载他去世时"巷哭以送丧者，盖以千万数"，可见他在百姓心中的地位、形象。司马光一生著作丰富，其中最著名的就是我国历史上第一部编年体通史《资治通鉴》，其他还有《温国文正司马公文集》《稽古录》等。除此之外，他在家训方面也有很多值得借鉴的地方。

品读：

这封信看似信手写来，但立意明确，条理清晰。该信以"俭"字为中心，在阐明做人要节俭的同时，也表现了司马光的人生价值观和长远的人生哲学。

司马光首先以自己为例，在信中讲述了其世代相袭的简朴家风，随后他指出当时日渐奢靡的社会现象。对于"由俭入奢易，由奢入俭难"的道理，他巧妙地运用举例和对比的方法进行层层剖析，最后得出"俭，德之共业；侈，恶之大也"的结论。司马光在教育自己的子孙要继承前辈简朴家风的同时，也希望儿子能够身体力行。

狱中家书

原文

父少保、枢密使、都督、信国公批付男陞子：

汝祖革斋先生以诗礼起门户，吾与汝生父及汝叔同产三人。前辈云：“兄弟其初，一人之身也。”吾与汝生父俱以科第通显，汝叔亦致簪缨。使家门无虞，骨肉相保，皆奉先人遗体以终于牖下，人生之常也。不幸宋遭阳九，庙社沦亡。吾以备位将相，义不得不殉国；汝生父与汝叔姑全身以全宗祀。惟忠惟孝，各行其志矣。

吾二子，长道生，次佛生。佛生失之于乱离，寻闻已矣。道生汝兄也，以病没于惠之郡治，汝所见也。呜呼，痛哉！吾在潮阳闻道生之祸，哭于庭，复哭于庙，即作家书报汝生父，以汝为吾嗣。兄弟之子曰犹子，吾子必汝，义之所出，心之所安，祖宗之所享，鬼神之所依也。及吾陷败，居北营中，汝生父书自惠阳来，曰：“陞子宜为嗣，谨奉潮阳之命。”及来广州为死别，复申斯言。传云：不孝，“无后为大。”吾虽孤子于世，然吾革斋之子，汝革斋之孙，吾得汝为嗣，不为无后矣。吾委身社稷，而复逭不孝之责，赖有此耳。

汝性质闿爽，志气不暴，必能以学问世吾家。吾为汝父，不得面日训汝诲汝。汝于“六经”，其专治《春秋》。观圣人笔削褒贬、轻重内外，而得其说，以为立身行己之本。识圣人之志，则能继吾志矣。吾网中之人，引决无路，今不知死何日耳。《礼》：“狐死正邱首。”吾虽死万里之外，岂顷刻而忘南向哉！吾一念已注于汝，死有神明，厥惟汝歆。仁人之事亲也，事死如事生，事亡如事存，汝念之哉！岁辛巳元日书于燕狱中。

作者简介：

文天祥（1236—1283），初名云孙，字宋瑞，一字履善。自号文山、浮休道人。江西吉州庐陵（今江西省吉安市青原区富田镇）人，南宋末年文学家，爱国诗人，民族英雄，与陆秀夫、张世杰并称为“宋末三杰”。宝祐四年（1256年）状元及第，官至右丞相，封信国公。于五坡岭兵败被俘，宁死不降。至元十九年（1282年）十二月初九，在柴市从容就义。著有《文山诗集》《指南录》《指南后录》《正气歌》等。

品读：

此文中，文天祥详细地向他的嗣子陞儿说明了自己不能免于牢狱之灾的原因，以及将陞儿作为自己嗣子的原因。虽然陞儿不是他的亲生儿子，可是文天祥还是将他当作亲生儿子一样的对待，谆谆教导，爱子之情溢于言表。“人生自古谁无死，留取丹心照汗青。”他将自己凛然赴死的决心表达得特别透彻，也为后人做了很好的榜样。

第三篇　寄爱人

与　妻　书

原文

意映卿卿如晤：

吾今以此书与汝永别矣！吾作此书时，尚为世中一人；汝看此书时，吾已成为阴间一鬼。吾作此书，泪珠和笔墨齐下，不能竟书而欲搁笔。又恐汝不察吾衷，谓吾忍舍汝而死，谓吾不知汝之不欲吾死也，故遂忍悲为汝言之。

吾至爱汝！即此爱汝一念，使吾勇于就死也！吾自遇汝以来，常愿天下有情人都成眷属，然遍地腥云，满街狼犬，称心快意，几家能够？司马青衫，吾不能学太上之忘情也。语云，仁者“老吾老以及人之老，幼吾幼以及人之幼”。吾充吾爱汝之心，助天下人爱其所爱，所以敢先汝而死，不顾汝也。汝体吾此心，于悲啼之余，亦以天下人为念，当亦乐牺牲吾身与汝身之福利，为天下人谋永福也。汝其勿悲。

汝忆否？四五年前某夕，吾尝语曰：“与使吾先死也，无宁汝先吾而死。”汝初闻言而怒，后经吾婉解，虽不谓吾言为是，而亦无辞相答。吾之意盖谓以汝之弱，必不能禁失吾之悲，吾先死留苦与汝，吾心不忍，故宁请汝先死，吾担悲也。嗟夫，谁知吾卒先汝而死乎！

吾真不能忘汝也！回忆后街之屋，入门穿廊，过前后厅，又三四折有小厅，厅旁一室为吾与汝双栖之所。初婚三四个月，适冬之望日前后，窗外疏梅筛月影，依稀掩映，吾与汝并肩携手，低低切切，何事不语，何情不诉！及今思之，空余泪痕！又回忆六七年前，吾之逃家复归也，汝泣告我：“望今后有远行，必以告妾，妾愿随君行。”吾亦既许汝矣。前十余日回家，即欲乘便以此行之事语汝，及与汝相对，又不能启口；且以汝之有身也，更恐不胜悲，故惟日日呼酒买醉。嗟夫！当时余心之悲，盖不能以寸管形容之。

吾诚愿与汝相守以死。第以今日事势观之，天灾可以死，盗贼可以死，瓜分之日可以死，奸官污吏虐民可以死，吾辈处今日之中国，国中无地无时不可以死！到那时使吾眼睁睁看汝死，或使汝眼睁睁看我死，吾能之乎！抑汝能之乎！即可不死，而离散不相见，徒使两地眼成穿而骨化石，试问古来几曾见破镜能重圆，则较死为苦也。将奈之何？今日吾与汝幸双健；天下人人不当死而死，与不愿离而离者，不可数计；钟情如我辈者，能忍之乎？此吾所以敢率性就死不顾汝也！吾今死无余憾，国事成不成，自有同志者在。依新已五岁，转眼成人，汝其善抚之，使之肖我。汝腹中之物，吾疑其女也，女必像汝，吾心甚慰；或又是男，则亦教其以父志为志，则我死后，尚有二意洞在也，甚幸甚幸！

吾家后日当甚贫，贫无所苦，清静过日而已。

吾今与汝无言矣！吾居九泉之下，遥闻汝哭声，当哭相和也。吾平日不信有鬼，今则又望其真有。今人又言心电感应有道，吾亦望其言是实，则吾之死，吾灵尚依依旁汝也，汝不必以无侣悲！

吾生平未尝以吾所志语汝，是吾不是处。然语之，又恐汝日日为吾担忧。吾牺牲百死而不辞，而使汝担忧，的的非吾所忍。吾爱汝至，所以为汝谋者惟恐未尽。汝幸而偶我，又何不幸而生今日之中国！吾幸而得汝，又何不幸而生今日之中国，卒不忍独善其身！嗟夫！巾短情长，所未尽者尚有万千，汝可摹拟得之。吾今不能见汝矣！汝不能舍吾，其时时于梦中寻我乎！一恸！

辛亥三月念六夜四鼓，意洞手书。

家中诸母皆通文，有不解处，望请其指教。当尽吾意为幸。

作者简介：

林觉民（1887—1911），字意洞，号抖飞，又号天外生，福建闽县（今福州）人。少年之时，即接受民主革命思想，推崇自由平等学说。留学日本期间，加入中国同盟会。1911 年春回国，4 月 24 日写下绝笔《与妻书》，后与族亲林尹民、林文随黄兴、方声洞等革命党人参加广州起义，转战途中受伤被俘，后从容就义。为“黄花岗七十二烈士”之一。

品读：

这是一篇关于理想、关于爱情、关于牺牲、关于忠诚的书信，虽然很短，却包含了太多的东西。为了国家，为了理想，可以牺牲自己的爱情，甚至是自己的生命。在那样一个即将面对生死诀别的时刻，林觉民在写给爱妻的信中，不可能再说什么甜言蜜语，也不可能抒发什么豪言壮语，整封信从头至尾娓娓倾诉的就是他“以天下人为念”，不惜抛却儿女情长、舍身参加革命的坚决与执着，以及他对爱妻的留恋与不舍。眼看就要踏上凶险之路，和自己的亲人永别，再坚强的人也难免心碎肠断。林觉民也同样有着七情六欲，面对即将到来的生离死别，任他铁石心肠，也不可能不伤悲。但他毕竟是胸怀大志、“以天下人为念”的革命者，面对生离死别虽然伤悲，却悲而不戚、悲而不哀，而是满怀悲壮、大义凛然，表现了一个革命者以天下为己任，追求正义与真理，舍生取义的高尚情操和宽广胸怀，令人肃然起敬。

鲁迅写给妻子许广平的信

原文

小莲蓬而小刺猬：

现在是三十日之夜一点钟，我快要睡了；下午已寄出一信，但我还想讲几句话，所以再写一点。

前几天，董秋芳给我一信，说他先前的事，要我查考鉴察。我那有这些功夫来查考他的事状呢，置之不答。下午从西山回，他却等在客厅中，并且知道他还先向母亲房里乱闯，空气甚为紧张。我立即出而大骂之，他竟毫不反抗，反说非常甘心。我看他未免太无刚骨，然而他自说其实是勇士，独对于我，却不反抗。我说我却愿意人对我来反抗，他却道正因如此，所以佩服而愈不反抗了。我也为之好笑，乃笑而送出之。大约此后当不再来纠缠了罢。

晚上来了两个人，一个是忙于翻检电码之静农，一个是帮我校过《唐宋传奇集》之建功，同吃晚饭，谈得很畅快。和上午之纵谈于西山，都是近来快事。他们对于北平学界现状，俱颇不满。我想，此地之先前和“正人君子”战斗之诸公，倘不自己小心，怕就也要变成“正人君子”了。各种劳劳，从我看来，很可不必。我自从到北平后，觉得非常自在，于他们一切严冬，甚为漠然；即下午之面斥董公，事后也毫不气忿，因叹在寂寞之世界里，虽欲得一可以对垒之敌人，亦不易也。

小刺猬，我们之相处，实有深因，它们以它们自己的心，来相窥探猜测，那里会明白呢。我到这里一看，更确知我们之并不渺小。

这两星期以来，我一点也不颓唐，但此刻遥想小刺猬之采办布帛之类，豫为小小白象经营，实在乖得可怜，这种性质，真是怎么好呢。我应该快到上海，去管住她。

1927年10月，鲁迅与许广平一同到上海，开始共同生活。他们在婚后一直没有时间回家探望母亲，只是给母亲寄过合影照。1929年5月，鲁迅只身北上，去北平看望自己的母亲，因为许广平当时已怀有身孕，行动不便，故没有同行。鲁迅与远在上海的妻子分别后，十分牵挂她，于是便经常给她写信询问有关情况，有的时候甚至一天写好几封信。5月30日，鲁迅给许广平写了这封信，在信中，他介绍了自己在北京的生活情况，并表达了对妻子的惦念。

品读：

在信的开头，鲁迅先生称自己的妻子为“小莲蓬而小刺猬”，既热情又亲昵。之所以称许广平为小刺猬，是因为当年鲁迅先生在北京时，曾买过一个石刻的刺猬，用来镇纸。鲁迅先生对浑身是刺的刺猬非常喜欢，因而私下将“小刺猬”作为对恋人的爱称。“小莲蓬”则是两人分别后，鲁迅在一封寄给妻子的信中，附有一张画有枇杷和一张画有莲蓬的信纸。而且在莲蓬旁边还有一首诗：“并头曾忆睡香波，老去同心住翠窠。甘苦个中侬自解，西湖风月味还多。”将自己的无限相思、爱恋之情寄托在了这首诗中。从此，鲁迅对妻子的昵称也变成了“小莲蓬”。鲁迅由原来通信时的“广平兄”改称“小刺猬而小莲蓬”，从他对许广平称呼的改变，也可看出他们感情的日渐亲密、浓厚。

朱湘写给妻子刘霓君的信

原文

我爱的霓妹：

昨晚作了一个梦，梦到你，哭醒了。醒过来之后，大哭了一场。不过不能高声痛快地哭一场，只能抽抽噎噎的，让眼泪直流到枕衣上，鼻涕梗在鼻孔里面。今天是礼拜，我看书看得眼睛都痛了，半是昨夜哭过的原故。今天有太阳，这在芝加哥算是好天气了。天上虽然没有云，不过薄薄的好像蒙上了一层灰，看来凄惨得很。正对着我的这间房（在二层楼上）从窗子中间，看见一所灰色的房子，这是学校的，一点声音也听不见，好像死人一般。房子前面是一块空地基，上面乱堆着些陈旧的木板。我看着这所房，这片地，心里说不出的恨他们。我如今简直像住在监牢里面，没有一个人说一句知心的话，有时看见一双父母带着子女从窗下路上走过去；这是礼拜日，父亲母亲工厂内都放了工，所以他们带了儿子女儿出门散散步。我看见他们，真是说不出的羡慕。我如今说起来很好听，是一个留学生，可是想像工人一样享一点家庭的福都不能够，这是多么可怜又多么可恨。我写到这里，就忽地想起你当时又黄又瘦的面貌来，眼眶里又酸了一下。只要在中国活的了命，我又何至于抛了妻子女儿来外国受这种活牢的罪呢。霓君，我的好妹妹，我从前的脾气实在不好，我知道有许多次是我得罪了你，你千忍万忍忍不住了，才同我吵架的。不过我的情形你应该明白。我实在是在外面受了许多的气，并且那时一屁股的欠债，又要筹款出洋，我实在是不知怎样办法是好。我想你总可以饶恕我罢？这次回家之后，我想一定可以过得十分美满，比从前更好。写这行的时候，听到一个摇篮里的小孩在门外面哭，这是同居的一家新添的孩子，我不知何故，听到他的哭声，心中恨他，恨他不是沅小东。让我听了，我又想到你的温柔，你对我的千情万意，分开了，不能见面，不能立刻见面，说一句知心话，彼此温存一下，像从前在京城旅馆内初见面时那样温存一下。你还记得当时你是怎么样吗？我靠在你身旁坐下，你身上面的一股热气直扑到我的脸上。（我想我当时的热气也一定扑到了你的脸上）我当时心里说不出的痒痒。后来我要摸你的手，我偷偷地摸到握住，你羞怯怯的好像新娘一样，我当时真是说不出地快活。天哪，天哪，但望两三年后，夫妻都好，再能尝尝那种爱情的美味罢。

作者简介：

朱湘（1904—1933），字子沅，现代诗人，被鲁迅赞誉为“中国的济慈”。他与饶孟侃、孙大雨和杨世恩并称为“清华四子”，一生致力于探索中国新诗创作和外国诗歌的译介，提倡诗歌的“形式美”。1925 年 3 月，朱湘与刘霓君在南京结婚。同年夏天，他回到北京一所中学任教，后来在孙大雨、罗念生的帮助下，重新回到清华学校读书。1927 年，他告别妻儿，赴美留学。在留学期间，他写下近百封家书，向妻子介绍自己在国外的生活，表达了深深的思念之情。这是他在海外寄给妻子的第五封信。

品读：

朱湘在写这封信的时候，与家人分离已有一年之久，在和妻子的两地分居中，他倍感思念与痛苦。有一次，他在梦中梦到了妻子，因为抑制不住自己的感情而哭醒之后，激动的情绪仍然难以平复。在“抽抽噎噎”中表露出了对一家团聚的幸福生活的向往。这也让我们想到了一句话：“男儿有泪不轻弹，只因未到伤心处。”朱湘尽情地表露自己的心绪，毫不避讳地告诉自己远方的妻子，这既是他真挚情感的强烈迸发，也是他真性情的自然流露。朱湘也希望和自己相爱的人长相厮守，看到别人带着孩子散步，听到邻居小孩的哭声，总会不由自主地想到国内的家人，想到妻子的“千情万意”，这也是他信中愧疚之情的由来。我们从这些道歉与希望中，也能够深切地体会到他与刘霓君之间的深情厚谊。

罗洪写给恋人朱雯的信

原文

雯：

在苍茫暮色中读到你的来信。昨晚也已收到了一封，我本该就给你作复，然而我没有，你一定很失望了。在昏昏沉沉中度过了今天，现在想想又该诅咒我自己。

昨晚我睡得很迟，就因为写文章，但弟弟妹妹一直跟我纠缠，写几句总要停一停，直到后来他们都去睡觉了，我才清清静静地写了一些。今天只觉得头里很昏沉，什么事也不想做了。成天写文章的确最有趣不过。我在家里本来也不做什么事情，除了看书，就是写文章，不管写了下来有没有用，但我从中却得到很大的乐趣。何况文章要常写，笔头要勤练，你不下功夫是不行的。写好文章没有一条捷径。从这方面来说，我自己应该承认是一个有福的孩子。

你的长篇又写成了四十页，很好，希望能和你的前一部长篇《漩涡中的人物》媲美，甚至还要超过它。我相信你一定能做到。你是努力的，我很佩服。

你伤风已经痊愈了，我真高兴。这比我自己的病好了更高兴，这话我肯定你一定能相信。

不要为我担心，我有时不免发愁原是我生性如此，没什么大原因的。我的确比柳丝还要柔弱，不过你用不着为我担心，那只是我的孩子气而已！想到许多不快意的事就会发愁，其实那些事或许根本不值得去想的。仔细一思量，我自己并没有什么不称心的事。对于你，我是最觉得满意而且认为自己是个最最幸福的人。你的欢乐正是我的欢乐，你的成功就是我的成功。雯啊，你不要为我有一点不安！

祝你

晚安！

洪

七月十日夜

作者简介：

罗洪（1910—2017），原名姚白珍，1930 年第一篇随笔作品《在无聊的时候》发表于当年第 6 卷第 1 号《真善美》。9 月 10 日，她又在《真善美》杂志发表了第一篇小说《不等边》。此后，她到苏州当了一名家庭教师，为一名初中学生补习功课，目的是为了保证有充裕的写作时间。就是在那时，她结识了苏州东吴大学学生、作家、文学翻译家朱雯。朱雯是一个有才华的文学青年，主要从事诗歌和小说创作，并且已经出版了一部短篇小说集。由于对文学有着共同的爱好与追求，他们的感情日深。1932 年春，郭沫若为他们写了一副对联："忧患增人慧；艰难玉汝成"，祝贺罗洪与朱雯在上海结婚。婚后，夫妇二人更是努力地从事文学创作，并成为很有成就的作家。

"天下每一条成功的路，都崎岖不平，每一件成功的事，都无可幸致，各种艺术品的创制，都漫无止境；这里是累着不断的努力，一种默默的坚毅的努力。"这是罗洪曾经说过的一句话。她凭着一种对人类社会广博的爱和深厚的热诚，在 20 世纪中国的新文学史上留下了自己的无限赤诚。

品读：

写这封书信时，正值暑期。罗洪与朱雯同为松江人，相距不太远，他们见面并不难，但是他们却喜欢以书信来传递自己心中的感情与关怀，把承载着自己积淀已久的相思的情书遥送到对方的手中，以此慰藉彼此的心灵。正所谓“一日不见，如隔三秋”，真是富有文人的浪漫情怀！

丁玲写给丈夫胡也频的信

原文

爱人：

先说这时候，是十一点半，夜里。大的雷电已响了四十分钟，是你走后的第二次了。雨的声音也庞杂，然而却只更显出了夜的死寂。一切的声音都消去了，唯有那无止的狂吼的雷雨和着怕人的闪电在人间来示威。我是不能睡去的，但也并不怎样便因这而更感到寂寞和难过，这是因为在吃晚饭前曾接到一封甜蜜的信，是从青岛寄来的，大约你总可猜到这是谁才有的荣幸吧。不能睡！一半为的是雷电太大了，即便睡下去，也不会睡着，或更会无聊起来，一半也是为的人有点兴奋，愿意来同我爱说点话。在这样的静寂的雨夜里，和着紧张的雷雨的合奏，来细细的像我爱就在眼前一样的说一点话，不是更有趣味吗？（这趣味当然还是我爱所说的：“趣味的孤独。”）

电灯也灭了，纵使再能燃，我也不能开，于是我又想了一个老法子，用猪油和水点了一盏小灯，这使我想起五年前在通丰公寓的一夜来。灯光微小得很，仅仅只能照在纸上，又时时为水爆炸起来，你可以从这纸上看出许多小油点。我是很艰难地写着这封信，自然也是有趣味的。

再说我的心情吧，我是多么感谢我的爱。你从一种极颓废、消极、无聊赖的生活中救了我。你只要几个字便能将我的已灭的意志唤醒来，你的一句话便给我无量的勇气和寂寞的生活去奋斗了。爱！我要努力，我有力量努力，不是为了钱，不是为了名，即使约为补偿我们分离的苦绪也不是，是为了使我爱的希望不要失去，是为的我爱的欢乐啊！过去的，糟蹋了我的成绩太惭愧，然而从明天起我必须遵照我爱的意思去生活。而且我是希望爱要天天来信勉励我，因为我是靠着这而生存的。

你刚走后，我是还可以镇静，也许是一种兴奋吧，不知为什么，从前天下午起，就是从看影戏起便一切全变了。××邀我去吃饭，我死也不肯，××房里也不去，一人躲在家里只想哭。昨天一清早，楼下听差敲房门（因为××也没有用娘姨）说有快信，我糊里糊涂地爬起来，满以为是你来的信，高兴得了不得，谁知预备去看时，才知道是×××来的，虽说他为我寄了十一元钱来，我是一点也不快乐的，而且反更添了许多懊恼了。下午一人在家（××两人看电影去了），天气又冷，烧了一些报纸和《红黑》《华严》，人是无聊得很，几次想给你写信，但是不敢写，因为我不敢告诉你我的快死的情形，几次这样想，不进福民也算了，不写文章也算了，借点钱跑到济南去吧。总之我还是不写，我想过了几天再写给你，说是忙得很便算了。一直到晚上才坐在桌边，想写一首诗，用心想了好久，总不会，只写了四句散文，自己觉得太不好，而觉得无希望，所以只好搁笔。现在抄在你下面看看，以为如何（自然不会好）：

没有一个譬喻，

没有一句恰当的成语；

即使是伟大的诗人啊，也体会不到一个在思念着爱人的心情。

唉！频！你真不晓得一个人在自己烧好饭又去吃饭的心情，我是屡次都为了这而忍不住大哭起来的。

楼下听差我给了他一块钱，因为我常常要他开门和送信。因此自己觉得更可怜了，便也曾哭过的。

今天一起身看见天气好，老早爬起来，想振作，吃一碗现饭，便拿了《壁下译从》到公园去了。谁知太阳靠不住，时隐时现，而风却很大，我望着那蠢然大块压着的灰色的重云，我想假使我能在天上，也不会快乐的了。我不久便又踽踽地走回来了。下午××两人又去看电影，邀我去，我不愿，我是宁可一个人在家思念我的爱而不愿陪人去玩，说的老实点，说是想依着别人去混过无聊的时日，在丁玲是不干的。可是天气还是冷，你知道，一冷我是无办法，所以在黄昏我便买了半块钱的炭回来了。现在还是很暖和的一边烤着火，一边为你写信，若是没有一点火，我是不坐下来的。

现在呢，人很快乐。有你一切都好，有你爱我，我真幸福，我会写文章的。而且我决安心等到暑假再和你相聚，照我们的计划作去，而且也决心，也宣誓以后再不离开了。

雷电已过去，只下着大雨，夜是更深了。灯也亮了，人也倦了，明天再谈吧，祝我的爱好好地睡！我真的是多么甜蜜而又微笑地吻了你的来信好几十下呢！

一点差十分

爱你的曼伽

作者简介：

丁玲（1904—1986），现代女作家。

品读：

1924年，她在北京结识青年编辑胡也频。胡也频对她一见钟情。此时，丁玲正在为弟弟的夭折和命运艰辛而痛苦，便离开北京回到老家湖南常德。胡也频知道后，不远千里从北京赶到湖南，向丁玲表达了爱慕之意。胡也频的单纯、执着与热情感动了丁玲。

第四篇　告兄妹

班固与弟超书

原文

得伯章书稿，势殊工，知识读之，莫不叹息。实亦艺由己立，名自人成。

作者简介：

班固（32—92），字孟坚，扶风安陵（今陕西咸阳东北）人。东汉史学家、文学家。明帝诏班固为兰台令史，奉诏完成《汉书》。该书叙事详赡，继承了纪传体史书的形式，开创了“包举一代”的断代史体例。班固还善作赋，以《两都赋》最为著名。

品读：

这封书信很短，让人不觉得它是书信，也可以将它当作人生的座右铭来解读，它道出了“艺由己立，名自人成”这个深奥的道理，读后颇能让人深思。

文天祥写给长妹懿孙的信

原文

收柳女信，痛割肠胃。人谁无妻儿骨肉之情？但今日事到这里，于义当死，乃是命也。奈何？奈何！……可令柳女、环女好做人，爹爹管不得。泪下，哽咽哽咽。

兄天祥家书，达百五贤妹。

元世祖至元十五年（1278年），文天祥在广东海丰县北五坡岭与元军作战时被俘。在狱中，面对敌人的威逼利诱，他誓死不从，并写下“人生自古谁无死，留取丹心照汗青”的悲壮诗句。文天祥心志不移，在被囚禁的两年多时间里，写下了千古流传的《正气歌》，表露了这位“三千年不两见”的耿耿忠臣的拳拳报国忠心。1283年1月9日，他神态自若，边歌边行，登上刑台，向南方三拜后慷慨赴死。

品读：

被捕后，文天祥与家人的书信往来一直被元朝官员封锁着，这次是想以骨肉亲情动摇文天祥的心志，才允许他给女儿柳娘写信。在接到来信后，文天祥抑制不住内心的悲痛，发出了“人谁无妻儿骨肉之情?”的反问与感慨，将他那种与妻儿近在咫尺却不能团聚的抑郁与悲愤之情表露无遗。在此之前，他一直以为妻子已经殉难，得知妻子仍然活着时，他的心中充满了欢喜与离愁。泪痕斑斑却不能写完的书信，真切、生动地表现出身为人父、人夫对家人的责任心与爱心。虽然文天祥爱自己的家人，但他更爱自己的国家。与为国家为民族殉身立节相比，骨肉至亲在他心中仍是退而居其次的。他将对子女、对家人的爱深埋在心底，明确地表达了绝不归顺元朝的信念。“于义当死，乃是命也”，道出自己无悔的选择，凸显出他誓与国家共存亡的爱国精神和宁死不屈的民族气节。

柔石写给哥哥赵平西的信

原文

西哥：

父亲的手字并账目统收到。复思现今所负之债，已不亚于父亲当年了。因此，复有数言，请详细为兄告。然此数百元，复实不难立刻还了。复现今已将文章三本，交周先生转给书局，如复愿意，可即卖得八百元之数目，惟周先生及诸朋友，多劝我不要卖了版权，云以抽版税为上算。彼辈云，吾们文人生活，永无发财之希望，抽版税，命运好，前途可得平安过活，否则，一旦没人要你教书，你就只好挨饿了。抽版税是如此的：就是书局卖了你的一百元的书，分给你二十元，如复之三本书，实价共二元，假如每年每种卖出二千本，则复每年可得八百元，这岂非比一时得八百元要好？因此，复近来很想将此三部书来抽版税，以为永久之计了。西哥以为如何？复现今每月收入约四十元，一家报馆每月定做文章一万字，给我二十元。又一家什志，约二十元至三十元。不过复近来食住两项，每月要用去二十五元，书籍每月总要十元。（一星期前，我买了一部大书，价就十八元）因此，这两笔所赚，没有钱多。要还债，非更用心不可。复近来每夜到半夜一二点钟困觉，因为写一篇文章，有时肚里似乎胃病又要发作了，我就一边吞胃药，一边再写。幸得上海朋友医生多，吃药很便，所以身体还是很好，很健。在上次那张照片上，可以看出。现在这篇文章快做好了。大约四万字，复决计卖出去，一收到手，当即以一百元先还兄。这篇卖了以后，就想动手翻译外国名家的文章。近来周先生告诉我一本书，我买到了二本，假如这二本能翻好，我什么债都可以还光。这书共有十五万字，复想两个月翻译完。（翻译——就是将外国字翻作中国字）此书一翻出，各书店一定愿意买。年内还有四个月，以后两个月，再做自己的文章。因此复希望父母，决不要为福耽心。福之前途，早已预计在胸中了。

福有时自己想，青春的光阴，就是埋头案上过去，终日和笔砚为伍，抛了父母妻子，岂不痛苦！但有时想，这有什么方法呢？我脱离教育局，在父母或者以为不愿意，在福始终觉得这是对的。在宁海做事，终究不过一个宁海人。现在，福虽没有能力，福总想做一位于中国有贡献的堂堂男子。我现在已经有做人的门路了，只要自己刻苦，努力，再读书，将来总不负父母所望。前次，洪谟临死时，他对我说，平复，你总要到国外去读几年书，光阴是很快的，不要为社会所牵制。他自己是为社会所牵制的人，福想他的话的确是对的。但眼前到国外去，钱从何处来，外国最少一年要一千元用，来回路费每次要二百。福眼前的机会还算好，因此到国外去的心，等一二年再谈了。这又是命运使我如此，家穷，又有什么方法呢？西哥，父母或者还以为我是孩子，不知道世故。实在，我对做人的道理，处世的道理，我是清清楚楚的了。虽则二十七岁的生日还过去不到一个月，实际，福觉得自己有些衰弱了！不过社会太黑暗，为之奈何？譬如我在宁海做事一年，处处垫钱，吃力，空了一百几十元的债，他们还要说我，这真无法可想。社会是黑暗的，有的时候，做坏人的得便宜，做好人吃亏。但我们因此做坏人么？不能够。苦的东西，有时尝尝会变甜起来，福以为是有道理的。福此后做人，简单的两句话，可以为哥告：一、自己努力、刻苦，忠心于文艺。二、如有金钱余裕时，补助于诸友。现在的世界是功力的世界，这是最可伤心的。我愿西哥勿以我言为迂腐。今年冬，我不想回家。以为我不愿意再见宁海，再和宁海之人周旋。父母和西哥能出来一趟，是最好了，我现在住的房子很大，又没有学校功课的牵累，我是很自由的。夜深了，以后再谈。此信内的话，可择能得父母喜欢的禀告父母，更勿给外人读，以外人的嘴巴太多了。近来尚欲与二三友人，办一种杂志，已得几位先生极力帮助。一月后或能办就，此杂志如何，于福将来，亦有极大关系。明年，如能照现在情形下去，决计还是不做事，否则，假如生活不得已，只好寻地方教书了。教书实在是读书人的下策。教书给你教五十年，还有什么花样教出来？到死还是教书先生罢了！朋友杨君行李，在我岳家，兄能设法托人带出来否？杨君愿意拿出带费三四元。此事亦望西哥代办。

敬请胞安！

弟福上

十月廿五日

中华书局之详，已承认去。附告。

作者简介：

柔石（1902—1931），原名赵平复，浙江宁海人。1928 年柔石在上海从事革命文学运动，与鲁迅先生同办“朝花社”，并担任《语丝》编辑。1930 年初，柔石作为发起人之一开始筹建自由运动大同盟。中国左翼作家联盟成立后，柔石担任执行委员、编辑部主任。1931 年 1 月，柔石在上海被捕，2 月 7 日与殷夫、欧阳立安等 23 位同志被秘密杀害。鲁迅为追悼他和其他死难同志，就写了《为了忘却的纪念》一文。柔石的文学作品大都收录在《柔石选集》中，其中他的小说《为奴隶的母亲》深为法国著名作家罗曼·罗兰赞赏。

沈从文写给三弟沈荃的信

原文

得鱼：

寄来两张照片是最近的。我们生活还勉强过得去。孩子们虽破破烂烂，还活泼健康，只是学校不成学校，未免麻烦！三姐下月即不再做事，因学校要结束，也许要休息半年看。为的是若要做事，必搬进城，城中住处不易得到，一般租房子必三百元一间，三间房子即近一千元。最难应付的是盗贼，防不胜防，常在报警时将一家所有搂光，那才真无办法！我学校事照常。只是在桂林出版之书，被扣被禁甚多，检查人无知识而又擅作威福，结果及不免如此。《长河》被假借名义扣送重庆，待向重庆交涉时，方知并未送出。重庆审查时去五十字，发到桂林，仍被删去数千字。按《长河》实际发表时字数看，被删去的比这数字大得多。《芸庐纪事》第三章也被扣，交涉发还，重写一次，一万字改成六千，精神早已失尽了。集子每本都必被扣数篇致无从出版。小人难养，近之则不逊，远之则怨，二千年前孔子已见及此矣，不愿二千年后犹复如此。大多数教书的都有点支持不下去。米每石在千元左右，青菜也得数元一颗，应付吃住，已不容易。至若添补衣鞋，自更困难了。大家都已到了破破烂烂情形下，惟读书空气，倒反而转好起来，正所谓“置之死地而后生”，读书虽不能增加收入，情绪总好多了。寒假大致有一个月可不进城，我正希望在假中把《芸庐纪事》写完，在这里印，比较方便。昆明最好的应当数太阳，一个冬天都只需穿驼绒袍子，且可从八月穿到明年三四月。这两天算是一年中最冷的日子，依然阳光满室。只要大写字台下烧个小火，就暖烘烘的了……

这里已见到有双身驱逐机在空中飞，惟从未在市区看到空战。乡下机场若修成功，有大规模空运时，恐将免不了有空袭发生，地方去我们住处八里十里，大致不会误投炸弹到十里外来。

家中安吉

二哥

一月十一

第五篇　劝子侄

颜真卿写给子孙的信

原文

政可守，不可不守。

吾去岁中言事得罪，又不能逆道苟时，为千古罪人也。虽贬居远方，终身不耻。汝曹当须会吾之志，不可不守也。

作者简介：

颜真卿（709—785），字清臣，生于京兆（今西安）。“安史之乱”中，因在平原郡守任上毅然起义抗贼立下汗马功劳而受朝廷重用。历任吏部尚书、刑部尚书等要职，封鲁郡开国公，世称“颜鲁公”。颜真卿是继王羲之后成就最高、影响最大的书法家，是中国文人书法的重要里程碑。传世作品主要有《祭侄稿》《争座位》《麻姑碑》等。

品读：

在这只有短短几十字的信中，颜真卿表达了自己虽遭贬职但仍不改其志的操守和做人的原则。在信中，他还不忘告诫子孙要有刚正的品格、不阿的精神和恪尽职守的人生态度。

与诸子及弟侄

原文

吾贫时，与汝母养吾亲，汝母躬执爨而吾亲甘旨，未尝充也。今得厚禄，欲以养亲，亲不在矣。汝母已早世，吾所最恨者，忍令若曹享富贵之乐也。

吾吴中宗族甚终，于吾固有亲疏，然以吾祖宗视之，则均是子孙，固无亲疏也，尚祖宗之意无亲疏，则饥寒者吾安得不恤也。自祖宗来积德百余年，而始发于吾，得至大官，若独享富贵而不恤宗族，异日何以见祖宗与地下，今何颜以入家庙乎？

京师交游，慎于高议，不同当言责之地。且温习文字，清心洁行，以自树立平生之称。当见大节，不必窃论曲直，取小名招大悔矣。

京师少往还，凡见利处，便须思患。老夫屡经风波，惟能忍穷，固得免祸。大参到任，必受知也。惟勤学奉公，勿忧前路。慎勿作书求人荐拔，但自充实为妙。将就大对，诚吾道之风采，宜谦下兢畏，以副士望。

青春何苦多病，岂不以摄生为意耶？门才起立，宗族未受赐，有文学称，亦未为国家所用，岂年循常人之情，轻其身汨其志哉！

贤弟请宽心将息，虽清贫，但身安为重。家间苦淡，士之常也，省去冗口可矣。请多著功夫看道书，见寿而康者，问其所以，则有所得矣。

汝守官处小心不得欺事，与同官和睦多礼，有事只与同官议，莫与公人商量，莫纵乡亲来部下兴贩，自家且一向清心做官，莫营私利。汝看老叔自来如何，还曾营私否？自家好，家门个人好事，以光祖宗。

与诸侄书

原文

古大将之才，类出天授。然其临敌制胜也，要皆先识兵势虚实，而以避实击虚为百战百胜之法。文士家作文，亦何独不然？盖意乘间则巧，笔翻空则奇，局逆振则险，词旁搜曲引则畅。虽古今名作如林，亦断无攻坚实硬铺直写，而其文得佳者。故一题到手，必静相其神理所起止。由实字勤到虚字，更由有字句处，勘到无字句处。既入其中，复周索之上下四旁焉，而题无余蕴矣。及其取于心而注于手也，务于他人所数十百言未尽者，余以数言了之。及其幅穷墨止，反觉有数十百言在其笔下。又于他人数言可了者，予更以数十百言，排荡摇曳而出之。及其幅穷墨止，反觉纸上不多一字。如是又何虑文之不理明词达，神完气足也哉！此则所谓避实击虚之法也。大将军得之以用兵，文人得之以作文，纵横天下，有余力矣。

孙中山写给侄子孙昌的信

原文

昌侄知悉：

闻汝举兵于乡，多有扰及闾里，致父老责有怨言，此在袁氏未死之时，人人有讨贼之任，尚可为汝曲谅。今大盗已去，汝当洗戟归田，毋久为乡里之累，方表大公无私，否则难免乡人之责难也。见信之日，务要即将所部遣散，并将所征发于各乡之枪械器物缴还原主。至于解散费，今由唐少川先生派专人回乡，与父老协商公平发给，汝当惟众议是从，不得留难抗阻。否则叔惟有置汝于不理，任由乡中设法对待，恐无汝容身之地也。汝宜思之慎之，毋违叔命，此示。

叔孙文亲笔书

上海，七月廿二日

作者简介：

孙中山（1866—1925），名文，字德明，号日新，又号逸仙，在日本化名中山樵，常以中山为名。生于广东省香山县（今中山市）翠亨村的农民家庭。中国近代伟大的民主革命家。曾任中华民国临时大总统。著有《孙中山全集》等。

1925年3月12日孙中山在北京逝世。1940年，国民政府通令全国，尊其为“中华民国国父”。

品读：

在这封信中，孙中山对侄子孙昌“扰及闾里”的行为提出严厉的批评。孙中山认为，革命者就是代表人民的，如果是在“袁氏未死之时”“人人有讨贼之任”的特殊情况下，影响百姓是暂时需要，或许可原谅，然而如今“大盗已去”，如不“洗戟归田”，就成了乡里的负担，这是非常错误的行为。这些话语充分表现出孙中山为国民细致考虑的长远眼光和以恢复“中华民国”为己任的革命志向。

第三章　家训

家训文化是中国传统文化的重要组成部分，也是伦理道德文化宝库中极具特色的部分。家训作为中国古代家庭道德教育的主要方式之一，在稳固家庭内部关系、维护社会稳定、促进国家繁荣方面有着不可忽视的作用。因此，研究家训文化不仅可以使当代人更好地把握中国传统文化，加深对中国传统文化的认识，同时对认识和处理当今社会的现实问题也具有重要意义。

第一节　家训溯源

一、何为家训

家训，是家长通过口头或者书面的形式来教育子孙后代立身及处世，规范后辈子孙行为，同时营造和谐的家庭或者家族氛围，延续家族生命力的一种家庭或家族教育形式。“家训是指父母对子孙、家长对家人、族长对族人的直接训示、亲自教诲，也包括兄长对弟妹的劝诫，夫妻之间的嘱托。它属于家庭或家族内部的教育。”① 传统家训中，有关于治家教子的思想内容、方式方法，也有关于生产生活的经验总结和传授，它的形成和发展以社会生产实践的经验为指导，也以时代的文化特征为基础。

---

① 徐少锦、陈延斌：《中国家训史》，陕西人民出版社 2003 年版，第 1 页。

家训在家庭或家族层面上，具有家庭教育的性质，在天下国家的层面上，又有齐家治国的性质，它在不同的历史时期具有不同的特色，但是又一脉相承，具有共同的内在属性。这些传统家训都涵盖了一条主线，即大都是家长们总结自己的人生经历，以最富真情的字句向子孙后代传授修身、齐家的经验，希望子孙后辈能够修身正己、诚心立志、读书明理，同时也希望后辈能够世代和睦、节俭持家、为善去恶、清心寡欲、从容处世。

二、家训的起源

（一）家训的起源时间

探索家训的起源，我们要结合主观原因和客观原因。虽然不少学者提出了不同的见解，但是有一个观点是相同的，即“家训”这个词最早出现在《后汉书·边让传》中，蔡邕在《与何进书荐边让》中说，边让“纂成伐柯不远之则，龆龀夙孤，不坠家训”①。文中大意是说边让从小为孤儿，不曾得到父母的谆谆教诲。《后汉书》虽为南朝宋范晔所作，但此文所记的蔡邕以书信荐边让一事发生于东汉，可见家训的真正起源要早于汉代。

笔者认为家训的起源可以上溯到更早的上古时期。因为家训作为一种长期存在的传统文化现象，其产生和发展一定有其深厚的根源。它的形成和兴衰，也一定是经过长时间的递嬗演进，否则，它在历史的长河中就不会显得如此厚重。②

参考有类似见解学者的观点，家训的起源可以追溯到上古尧舜时期。《尚书》是一部记录我国早期生产生活事迹的文献，《商书》是《尚书》几个板块中的一个部分，这里面有关于君主对自己的家眷、亲戚以及臣民的垂训

---

① ［南朝宋］范晔：《后汉书》卷 80，中华书局 1965 年版，第 2646 页。

② 参见林庆《家训的起源和功能——兼论家训对中国传统政治文化的影响》，《云南民族大学学报（哲学社会科学版）》2004 年第 3 期，第 73 页。

语录。这些珍贵的历史文献是对上古统治者对子民们训词的记录和整理，从时间上来看，是我国最早的家训文。除此之外，《尚书》还记录了关于尧舜帝王的类似于家训意义的言辞。而且，《诗经》中的诗篇在西周和春秋时代就开始在家庭、社会生活中产生影响。当时人们常用诗句说理，贵族阶层在朝会宴享时赋诗表达情意。到了春秋末期，孔子把《诗经》加以删订，作为教育学生和家庭成员的教材。据《论语·季氏》和《论语·阳货》记载，孔子曾教育儿子伯鱼学习《诗经》，以便将来适应社会的需要。孙子告诫伯鱼，“不学诗，无以言”，“不学礼，无以立”。意思是不学《诗经》，在社会交往中就不会说话；不学礼，在社会上就不能立足。由此可以判定，孔子已把《诗经》看作家训。尽管它们都未冠以“训”“诫”之类的名称，但当属家训之列。这就把家训的起源时间大大提前了。①

《尚书·舜典》也记载，舜在位时因“百姓不亲，五品不逊”，于是命契做司徒，“敬敷五教”（父义、母慈、兄友、弟恭、子孝），这一有史以来对百姓普施教化的明确记载，也同样可以证实家训源于上古尧舜时期，因为唐虞教人以五典，曰父子有亲、君臣有义、夫妇有别、长幼有序、朋友有信，成周教人以六行，曰孝、友、睦、姻、任、恤。② 所以，这也能说明家训的起源是很早的。

由此可以得出一个结论，我国传统家训是起源于上古，是上古时期人们生产生活的记录和生产生活经验的总结。

（二）家训的起源形式

长老训教是原始社会家庭教育的主要形式，也是家训得以产生的直接源

① 参见林庆《家训的起源和功能——兼论家训对中国传统政治文化的影响》，《云南民族大学学报（哲学社会科学版）》2004 年第 3 期，第 73 页。

② 参见林庆《家训的起源和功能——兼论家训对中国传统政治文化的影响》，《云南民族大学学报（哲学社会科学版）》2004 年第 3 期，第 73 页。

泉。所谓长老训教，就是原始社会中氏族集团的首领或富有经验的长者对晚辈所进行的有关生产方式、生活经验等方面的教育训导。由于原始社会尚未出现文字，所以当时长老训教的详细情况尚无确考，但远古时期流传下来的许多神话故事和传说却生动地再现了长老训教的丰富内容和它所蕴含的人文精神：大禹治水，三过家门而不入的无私襟怀；夸父追日，敢与日竞走的大无畏气概；精卫衔微木以填沧海的顽强意志；刑天“无头仍有猛志”的斗争勇气；神农氏教民稼穑五谷、伏羲氏教民钻木取火等神话传说，都生动地再现了我们的原始祖先征服自然、改造自然的英雄形象，具有强烈的感染力和教育意义。虽然这类故事在原始氏族时代和奴隶社会初期所起的教育作用已无从考证，但是它对中华民族后代产生巨大影响却是事实。马克思曾经热情赞扬古希腊神话是生动的教科书，我国的古老神话同样是鼓舞民族精神的最优秀的家训读本。

长老训教这种家训形式到了原始社会末期表现出明显的“家学”特点。氏族部落首领在管理生产、主持宗教仪式、指挥作战、协调氏族公社内部关系等方面具有较丰富的知识和技能，随着部落首领世袭制的产生，这些知识和技能也以世袭的方式被他们垄断起来并传给自己的后代，借以巩固自己在部落中的地位。比如舜的先祖幕通晓候风知识，有预报天气的本领，他把这种本领传授给舜的父亲瞽瞍，瞽瞍又传给舜，最终使候风知识成为舜的世传家学，这是他们能成为“虞君”的重要因素之一。禹的父亲鲧以治水闻名，他将有关治水的知识和本领传授给儿子禹，水利知识便成为禹的家学，禹也因此成为著名的部落首领。由此我们不难发现，最早的教育是在氏族家庭内部进行的，最早的家训是原始社会的长老训教。

必须指出的是，这种长老训教是停留在口耳相传和儿童对成人行为的简单模仿上，没有详细的文字记载，也不是我们今天所说的严格意义上的家训。

家训原出自家庭中传授生产生活知识和教导子女立身做人的需要。因此，追溯家训产生的历史，应当而且是必然要归结到民间生产生活的实践中。但是，中国长期的专制统治，从经济和政治上剥夺了普通百姓拥有文化的权利，所以，大量丰富的民间家训未能以文字记录的形式保存流传下来。《诗经》有言："溥天之下，莫非王土；率土之滨，莫非王臣。"专制社会，天下是统治者一家之天下，国家是统治者一家之国家。因此，在专制统治者那里，"家"与"国""邦"总是很自然地相联结。于是，家政与国政、家事与国事，也就没有必要分离开来。这种状况到了春秋时期，由于周王室统治的分崩离析，文化学术活动开始下移，但也没有发展到向平民普及的程度。就是后来孔子开门设教，试图将文化知识向平民传播开去，但其影响和普及的程度也实属有限。因此，当时的所谓学术下移，充其量也只是移到了各诸侯国的侯王权臣之家或少数世家大族。到了后来的封建时代，由于专制统治的制度没有改变，百姓的经济地位也没有改变，广大贫民仍然没有机会接受文化知识教育。但是，封建地主经济的发展为士人接受文化并陈述政治意见提供了条件，所以，这时文化学术活动的参与在世族的基础上增加了士人阶层。魏晋南北朝时期家训的兴盛，正是这一情况的典型反映。

尽管在相当长的历史上，普通百姓因政治地位和经济条件的限制而没有留下有文字记载的完整家训，但传统家训在民间所具有的深厚根基仍可通过对一些史料的分析窥其端倪。以《尚书·尧典》为例，舜在位时，因"百姓不亲，五品不逊"，于是命契做司徒，"敬敷五教"。何谓"五教"？"五教"也即"五常之教"。当时在"八元"之列，任掌教之官，以五常之教播扬全国，这是有史以来对百姓普施教化的首例明确记载，对后来产生了很大影响。后世家教家训，"五教"仍为主要内容之一。"五教"若能在全国广泛传播，一定要有相当深的社会基础。① 如果当时的民人还完全处于蒙昧未开之状态，如果没有社会所能接受这种教化的基本条件，那么，“五教”在百姓中顺利推行就会非常困难。因为上古尧舜之时，全国统一的文字尚未形成，仅就传播的工具而论，要普遍地施行这种教化就有很大困难。由此推断，当时社会的文明程度已经有了使百姓接受这种教化的可能，至少在民间，父子相传、口耳相授的家教家训是这种教化得以布施的一个重要条件。

又据《尚书·酒诰》记载，周武王在训诫其弟康叔时，称引父考文王的话说：“我民迪小子，惟土物爱。厥心臧聪听祖考之彝训，越小大德，小子惟一。”② 意思是说，我们的百姓也常常训导他们的子孙，要懂得爱护土地和财物，要勤于稼穑之事，不要纵于饮宴。那些子孙也常用心听从祖辈的教导，不认为谨于饮宴是小的德行，而把小的德行和大的德行一样地看待。这就说明，周初时候，家教家训已经成为老百姓的一种普遍自觉行为。

《诗经》中的“十五国风”大多出自民间，较多地反映了周代的民情习俗，其中有些诗篇，对当时民间的家教家训情况亦有所体现。如《郑风·将仲子》，以一个待守闺中的少女的口气，述说她与一位男子相爱而遭到父母兄弟阻拦的情景。篇中反复申说：“仲可怀也，父母之言，亦可畏也!”“仲可怀也，诸兄之言，亦可畏也!”透过这种描述，我们可以推测当时这个女子所受的父母之训和兄弟之诫，亦可以看到这个家庭对未出阁的女子框定家规、施行家教的严格。又如《魏风·陟岵》，描写一个行役在外的男子登山望乡的心境。这位男子胸中所回荡着的是离开家乡时父母的嘱咐和兄弟的叮咛：父亲告诫他要做事勤奋，母亲告诫他要行为谨慎，兄弟劝诫他要与同伴

---

① 参见刘剑康《论中国家训的起源——兼论儒学与传统家训的关系》，《求索》2000 年第 2 期，第 21 页。

② 刘剑康：《论中国家训的起源——兼论儒学与传统家训的关系》，《求索》2000 年第 2 期，第 21 页。

处理好关系。通过这种心理刻画，读者不难想象到这位男子当初离家时父母兄弟对他进行教诲的情形。① 利用离别之机施行劝诫，是最能使受教育者接受甚至于永记不忘的，因此，教育的效果也就特别显著。这属于一种特殊情况下的具体的家训，应当说也是中国传统家训在民间的一种常见表现形式。

此外，《诗经·小雅》中亦有一部分诗歌来自民间，其中也有反映当时家训家教情况的作品。如《小宛》中的“螟蛉有子，蜾蠃负之。教诲尔子，式穀似之”，用比拟的手法描绘了父母教导儿子修德行善的情形。《诗经》中诸如此类的文字，反映出家教家训在周代的民间就已存在。遗憾的是，由于多方面的原因，民间传统家训很少以完整的面貌见诸史料，它的更多内容还有待于深入地研究和挖掘。但是，毫无疑问，民间既是中国传统家训深深扎根的土壤，也是中国传统家训得以产生的现实基础和不竭源头。

综上所述，中国家训的起源，归根到底是源于古时人们父子相传、口耳相授的生产生活实践。②

（三）家训的发展历程

我国传统家训文化的发展经历了先秦时期、汉魏六朝时期、隋唐时期、宋元明清时期和近现代五个阶段。③

先秦时期是家训文化的萌芽期。这个时期出现了第一篇完全意义上的家训之作《尚书·无逸》。宋朝蔡沈作注：“成王初政，周公惧其知逸而不知无逸也，故作是书以训之。”《论语·季氏》里，孔子训诫儿子孔鲤的庭训“不

---

① 参见刘剑康《论中国家训的起源——兼论儒学与传统家训的关系》，《求索》2000 年第 2 期，第 21 页。

② 参见林庆《家训的起源和功能——兼论家训对中国传统政治文化的影响》，《云南民族大学学报（哲学社会科学版）》2004 年第 3 期，第 73 页。

③ 参见徐莉、夏莹《传统家训文化的现代思想教育价值》，《高校辅导员学刊》2016 年第 8 卷第 2 期，第 15 页。

学诗，无以言”“不学礼，无以立”是我国家训史上著名的家训事例之一。①先秦时期的家训是隐性家训，大多数夹杂在其他内容中，不是独立的家训之作。

汉魏六朝是家训文化的发展期。这个时期出现了大量的家训作品，两汉时期著名的有刘邦《手敕太子》、刘向《戒子歆书》、郑玄《戒子益恩书》、班昭《女诫》等。《女诫》是一部比较系统的妇女教育著作，对后世家训产生了很大影响。② 魏晋六朝时期，蜀汉丞相诸葛亮的《诫子书》和《诫外甥书》对后世影响巨大。汉魏六朝时期无论在家训的观念、家训著述的意识和作品的数量上，都比先秦有了长足的发展。③

隋唐时期是家训文化的成熟期。此阶段的家训作品除了常见的家书、帝训、女训等短篇之外，还出现了思想成熟、内容全面、结构完整的家训专著，如颜之推的《颜氏家训》。《颜氏家训》几乎涵盖了我国传统家训内容的所有方面，是当之无愧的“古今家训之祖”。此外，还有李世民的《帝范》。《帝范》作于贞观二十二年，赐训太子即后来的唐高宗李治，其内容主要是阐述为君之道。④

宋元明清是家训文化的鼎盛期。这个时期家训得到了史无前例的发展，家训体式充分展现，出现了家法、族规等具有惩戒性的家训之作。袁采的《袁氏世范》是产生于宋代的一部具有极大影响的家训专著，分《睦亲》《处己》和《治家》三大部分，与颜之推《颜氏家训》、司马光《温公家范》、朱

---

① 参见徐莉、夏莹《传统家训文化的现代思想教育价值》，《高校辅导员学刊》2016 年第 8 卷第 2 期，第 15 页。

② 参见王若《中国古代家训》，辽海出版社 2012 年版，第 25 页。

③ 参见徐莉、夏莹《传统家训文化的现代思想教育价值》，《高校辅导员学刊》2016 年第 8 卷第 2 期，第 15 页。

④ 参见王若《中国古代家训》，辽海出版社 2012 年版，第 25 页。

用纯《朱子家训》并称“中国古代家训四书”。此外，还有康熙帝的《庭训格言》、刘清之的《戒子通录》、司马光的《家范》等。

近现代是家训文化的转型期。在家训形式上，这个时期的家训不再以传统的专著为主，而转变为家书的形式；在家训内容上，由民国初年的封建思想和资产阶级旧民主主义思想为主转变为中华人民共和国成立后以集体主义、爱国主义、大公无私、全心全意为人民服务为主。

第二节　家训精髓

我国是个有着几千年文明传统的泱泱大国，而几千年来文明火种的传播，正是由千千万万个家庭承载着。“家”是“国”的缩影，“国”是“家”的延伸，只有家族繁衍的生生不息，才有国家命脉的延宕流长。孟子说：“人有恒言，皆曰天下国家。天下之本在国，国之本在家，家之本在身。”① 因此，“家国”“国家”在汉语文字里，一直是炎黄子孙心目中最庄严而神圣的词汇。儒家言“修身、齐家、治国、平天下”②，墨家道“治天下之国若治一家”③，“齐家”的重要性可见一斑。而家训，是中国传统文化的重要组成部分，也是家谱的重要组成部分，它在中国历史上对个人的修身、齐家发挥着重要的作用，是国富民强的重要基石。我国传统家训的内涵极其丰富，其精髓可以从修身、治家、处世、为学四个方面讨论。

一、修身

所谓修身，就是个体自觉地以传统的道德规范陶冶性情以达到“内圣”

---

① ［战国］孟子著，牧语译注：《孟子·离娄上》卷7，江西人民出版社2017年版，第145页。

② ［春秋］曾参著，东篱子解译：《礼记·大学》，中国纺织出版社2014年版，第56页。

③ ［清］毕沅校注：《墨子·尚同下》，上海古籍出版社2014年版，第94页。

的境界。我国古人十分注重修身养性，他们认为，解决个人与他人、个人与家庭、个人与社会的矛盾，主要在于自身的修为。《礼记·大学》有言："古之欲明明德于天下者，先治其国；欲治其国者，先齐其家；欲齐其家者，先修其身；欲修其身者，先正其心；……心正而后身修，身修而后家齐，家齐而后国治，国治而后天下平。"这就是后来我们所说的"修身、齐家、治国、平天下"。由此可见，"修身"是儒家思想的基础，也是实现"齐家、治国、平天下"理想的前提条件。关键是如何"修身"。关于"修身"，最典型的就是曾子的"三省"，也就是"吾日三省吾身。为人谋而不忠乎？与朋友交而不信乎？传不习乎？"也就是说，我每天多次反省自己，为别人办事是不是尽心竭力了呢？同朋友交往是不是做到诚实可信了呢？老师传授给我的学业是不是复习了呢？房立在《谈儒家修身教育》[①] 中说道："'修身'首先要注重学习，'学而时习之，不亦说乎'。学习是修身方面第一重要的，读书学习是成就自我的首要前提，学习不仅仅是精神需求，也是一个人完善自我的必经之路。修身之本其次要具有仁义思想，要做到克己复礼，尊重他人，推己及人，有博爱宽怀之心。再次，修身之人必有崇高的价值取向，这个价值取向就是我们所说的'义'，'义'应当是一种美好的品德，是人性中最为高贵的品质。"志士仁人，无求生以害仁，有杀身以成仁，这说明仁人志士把这种崇高的道德看得比生命还要重要。仁、义、礼、智、信、忠、恕、善在我们的传统家训中都能得到继承。

（一）求仁重义

"仁"，是指同情、关心和爱护的心态，即"仁爱之心"。"仁"主要是人与人之间互相关怀、互相尊重和互相爱护的情感，是世间万物和谐相处、协调发展的一种道德规范。"义"，是指正当、正直和道义的气节，即"正义之

---

① 房立：《谈儒家修身教育》，《山东教育（中学刊）》2005年第11期。

气”。“义”是超越自我、正视现实、仗义公道的做人态度。孔子极为推崇“仁”德，提倡“杀身成仁”。而孟子非常推崇“义”德，说要“舍生取义”。我们中华传统美德主要是“仁、义、礼、智、信”五大要素，通常也简化成“仁义道德”，可见，在这五大要素里“仁”和“义”两德是最核心、最基本的两大要素。翻阅中国古代家训，我们不难发现有很多对“仁”和“义”的论述。

1. 仁者爱人

“仁爱”是儒家的核心思想和首要价值，是人与人、人与社会、人与自然和谐的根本元素。仁爱不仅是中华传统文化的核心，而且是现代人文精神的基因。仁爱思想特别注重促进人与人之间的和谐，调节人类社会中各种矛盾，维持一个平和安乐的社会秩序。中华家训正是在这种大爱大德的滋养中成长、繁荣、生生不息的。

和气能育万物，爱为生生之本。

（［明］袁了凡《训子文》）

袁了凡（1533—1606），初名表，后改名黄，字坤仪，号了凡，以号名于世，祖籍嘉善（今浙江嘉善），迁居吴江（今属苏州）。万历十四年（1586年）中进士，被任命为宝坻（今天津宝坻）知县。在任期间，勤政爱民，为民谋利，颇有政绩。后任兵部职方司主事等职。袁了凡是明代重要的思想家。他博学多才，在历数、律吕、水利、兵事等方面皆有造诣，一生著述颇丰。主要有《了凡四训》《评注八代文宗》《宝坻政书》等。其中，《了凡四训》原本为训教自己的儿子所作，故取名《训子文》，后为启迪世人，遂改今名。《了凡四训》劝人积善改过，强调从治心入手提升自我修养，在社会上流传甚广。[1]

袁了凡在《了凡四训》[2] 中提到：在天地间，要靠温和的日光，和风细雨的滋润，才能生长万物。我常常生气发火，没有一点和煦之气，怎么会生儿子呢？这是我没有儿子的第二种缘故。仁爱，是生命的根本，若是心怀残忍，没有慈悲，就像果子一样，没有果仁，怎么会长出果树呢？可见，仁爱之心是生命万物之本。

孤寡极可念者，须勉力周恤。

（［明］吴麟徵《家诫要言》）

吴麟徵（1593—1644），字圣生，一字来皇，号磊斋。浙江嘉兴人。明天启二年（1622年）进士，授建昌推官，丁父忧辞归，后补兴化府。崇祯五年（1632年），擢吏部给事中，累官太常少卿。为人刚直，以敢于直谏著名。曾弹劾吏部尚书田唯嘉贪赃枉法，使其罢官。十七年初，李自成率领农民起义军围攻北京，时其负责守西直门，以土石坚塞城门，并招募死士抗击起义军。次日，李自成攻破北京，麟徵自尽。后赠兵部右侍郎，谥忠节。著有《家诫要言》等。[3] 吴麟徵在其《家诫要言》中说道：孤寡极可念者，须勉力周恤。意思是：对于孤儿或者失去配偶而无人照顾的特别可怜的人，一定要尽力去帮助他们。

与肩挑贸易，毋占便宜；见贫苦亲邻，须加温恤。

---

① 参见钱经纬《〈了凡四训〉本义直解》，古吴轩出版社2015年版，第5页。

② 包东波：《中国历代名人家训精粹》，安徽文艺出版社2010年版，第214页。

③ 参见曹顺庆《中华文化》，复旦大学出版社2006年版，第26页。

（［清］朱柏庐《治家格言》）

朱柏庐（1627—1698），原名朱用纯，字致一，自号柏庐，江苏昆山人（今昆山市），明末清初著名理学家、教育家。朱柏庐自幼致力读书，曾考取秀才，志于仕途。清入关明亡，遂不再求取功名，居乡教授学生并潜心于程朱理学。主张知行并进，躬行实践，一时颇负盛名。曾用精楷手写数十本教材用于教学。与徐枋、杨无咎号称“吴中三高士”。临终前嘱弟子：“学问在性命，事业在忠孝。”著有《删补易经蒙引》《四书讲义》《劝言》《耻耕堂诗文集》《愧讷集》《毋欺录》等。其《治家格言》世称“朱子家训”，广为流传。① 其仁爱之心在“与肩挑贸易，毋占便宜；见贫苦亲邻，须加温恤”中有所体现。他说：和做小生意的挑贩们交易，不要占他们的便宜；看到穷苦的亲戚或邻居，要关心他们，并且要给他们金钱或其他援助。

关于仁爱之士的例子数不胜数。清代著名的晋商乔致庸之所以成为一个成功的商人，一个重要原因就是他有一颗仁爱之心。乔致庸以天下之利为利，开票号实现汇通天下的目标，不是为了自己发大财，而是为了方便天下商人。开拓武夷山茶路不仅是为了自己发财，更多的是考虑如何解除广大茶农的生活之困。当有人出高价收购他经营的茶市时，他毅然撤出，这是一般商人很难做到的。大灾之年，他开粥棚救济灾民，家人与灾民同锅喝粥。在乔家门前，常年拴着 3 头牛，谁家要用，只需招呼一声，便可牵去用一天；每年春节前夕，乔家大门洞开，乔致庸会拉出一扇板车，满载米、面、肉，谁家想要，便可随意去取。乔致庸就是凭着一颗仁爱之心，凝聚了一大批忠诚的伙计，他虽然历经劫难，几乎家破人亡，但这些伙计却不离不弃，全力相助，一次次使他转危为安、化险为夷。这全是仁爱之心使然。

---

① 参见包东波《中国历代名人家训精粹》，安徽文艺出版社 2010 年版，第 273 页。

2. 推己及人

生活的空间里良莠混杂，善恶交错，要想成就一番事业不仅要有清浊并容的雅量，宽恕为怀，更要学会换位思考，推己及人，将心比心，这是我们立身处世应有的态度。中国古代家训对此也多有阐述。

以量容人，常识一国如一家，一家如一身可也。

（[元] 郑太和《郑氏规范》）

被朱元璋赐以“江南第一家”美称并在此后屡受旌表的郑氏家族，其孝义治家的大家庭模式和传世家训《郑氏规范》，奠定了它在中国传统家训教化史上的重要地位。《郑氏规范》中治家、教子、修身、处世的家规族训，以及极具特色的教化实践，对中国古代家族制度的巩固发展，对中国封建社会后期的稳定和儒家伦理、文化的世俗化，都产生了深远的影响。朱元璋看重郑氏家族孝义治家、耕读为本的家规家法，在明代的法律中引入了不少《郑氏规范》的内容。

“以量容人”的例子也不胜枚举。三国时期，曹操用人的一大特点是大度用人、容人之错。他打破了固有思维的束缚，认为“人无完人，慎无苛求，才重一技，用其所长”。东汉建安四年（199 年），曹操与实力最为强大的北方军阀袁绍相持于官渡，袁绍拥兵十万，兵精粮足，而曹操兵力只及袁绍的十分之一，又缺粮，明显处于劣势，当时很多人都认为曹操这一次是必败无疑了。曹操的部将以及留守在后方根据地许都的好多大臣，都纷纷暗中给袁绍写信，准备一旦曹操失败便归顺袁绍。官渡之战曹操采用了许攸的奇计，袭击袁绍的粮仓，一举扭转了战局，打败了袁绍。曹操打扫战场时，从袁绍的书文案卷中拣出一些书信，都是曹营里的人暗中写给袁绍的投降书。当时有人向曹操建议，要严肃追查这件事，对凡是写了投降信的人，统统抓起来治罪。然而曹操的看法与众不同，他说："当时袁绍强盛，我都担心能不能自保，何况别人呢?"于是，他连看也不看，下令把这些密信付之一炬，一概不予追究。这么一来，那些怀有过二心的人便全都放心了，并对曹操心存感激，军心、臣心稳定，使处于弱势的曹操集团迅速巩固了胜利的战局。

古今中外，大凡善用人者必有宽容之心，容人之度。"水至清则无鱼，人至察则无徒。"世间没有十全十美的事物，"尺有所短，寸有所长"，每个人都有自己的缺点和优点，要雅量容人，不可过于高洁而孤芳自赏。

以父母之心为心，天下无不友之兄弟；以祖宗之心为心，天下无不知之族人；以天地之心为心，天下无不爱之民物。

（［清］王师晋《资敬堂家训》）

王师晋（1804—1880），字以庄，号静斋，生于嘉庆九年，卒于光绪六年，以经商为业。《资敬堂家训》分为上下两卷，内容涉及读书治学、为人处世、治家育人等多方面。① 其中有云：用父母的慈爱之心对待手足，那么天下就不会有不友爱的兄弟了；用祖先的仁爱之心对待同宗，那么天下就不会有不和睦的宗族了；用天地的博爱之心对待别人，那么天下就不会有不敬爱的百姓了。这其中就蕴含着推己及人、将心比心的哲理。

我国产生过众多的推己及人的先贤，大禹治水的故事就是推己及人的典范。大禹接受治水的任务时，刚刚和涂山氏的一个姑娘结婚。当他想到有人被水淹死时，心里就像自己的亲人被淹死一样痛苦、不安，于是他告别了妻子，率领 27 万治水群众，夜以继日地进行疏导洪水的工作。在治水过程中，

① 参见吴洋飞《〈资敬堂家训〉与王师晋治家之道》，《西安航空学院学报》2013 年第 2 期，第 1 页。

大禹三过家门而不入。经过 13 年的奋战，疏通了九条大河，消除了水患，成就了流芳千古的伟业。

3. 宽厚待人

“宽厚待人”是自古至今备受人们推崇的美德。“薄福者必刻薄，刻薄则福益薄；厚福者必宽厚，宽厚则福益厚”“尊贤而容众，嘉善而矜不能”“躬自厚而薄责于人”“不以己所能病人，不以人所不能愧人”等古训何其多哉！现代企业管理也把宽厚待人作为管理法则之一。宽厚作为一种美德、一种品质，正被越来越多的人所推崇和接受。

非威德无以致远，非慈厚无以怀人。

（［唐］李世民《帝范》）

唐太宗李世民是我国历史上著名的“圣贤明君”，他文韬武略，开创了“大唐盛世”“贞观之治”。太宗晚年，亲自撰写了《帝范》，共十二篇，是其一生执政经验的精华。其中说道：非威德无以致远，非慈厚无以怀人。唐太宗认为没有威望和好的德行，就不能号召远方；没有慈善和宽厚的爱心，就不能安抚万众。威要靠德而立，德须凭威而行，二者相辅相成，缺一不可。帝王如此，普通人亦是如此。

如老子所说：是以大丈夫处其厚，不居其薄；处其实，不居其华。一个有道德修养的人应该为人忠厚，实实在在。历史上大名鼎鼎的晋商李明性即是一位以忠厚为本的商人。李明性为人笃厚，对父母十分孝敬，与兄长相处和睦，与友人相处诚恳仗义。当亲友遇到困难时，他常常主动帮忙，唯恐照顾不周。向他借债的人很多，当借债人因贫困不能归还时，他经常把债券交还对方，债务一笔勾销。他做人厚道，别人也都非常喜欢跟他做生意。有的人卖给他田宅时故意抬高价钱，当别人把这一情况告诉他后，他也不去与卖者计较。他听说族中某人放高利贷，就招来当面责备，并撕毁其券，所以族中子弟都怕他几分。李明性这样做不但赢得了乡亲们的赞扬，也使得自己的生意越来越好。宽厚做人，绝不是一种简单的同情心，它是一种无形的相助，一种博大的爱，是一股矫正世俗的春风。

厚福者必宽厚，宽厚则福亦厚矣。

（［清］曾国藩《曾文正公家训》）

曾国藩治军居官，皆有业绩，为同治中兴名臣。又倡导洋务运动，为洋务运动之代表人物。他治学精深，在湘学派中影响甚大。曾国藩教子也自有一套。毛泽东有曰："予于近人，独服曾文正。"表达出对这位已故乡人的赞赏。

（二）立志立德

做人从哪里开始？从立志开始。一个人的志向不是天生的，是在后天的生活中确立的。郑板桥说："富贵足以愚人，贫贱足以立志。"也就是说，舒适安逸可以消磨人，艰难困苦可以锻炼人。有的人奋斗是因为环境艰苦，一旦条件改善了，也就没有了奋发向上的动力。大凡有成就的人，没有不自强不息的。所以做人的第一件事就是立志，青年成才首在立志。古往今来，高远的志向造就了无数成功之士。立德是立言立功之本，青年成才根在立德。百行德为首，古语有云"君子修身齐家治国平天下"，所谓修身，就是德行的塑造。中国历代家训中，有不少篇章论述了立志和立德。

1. 有志者事竟成

关于立志的家训名言在中国历史上可谓不胜枚举。孔子说："三军可夺帅也，匹夫不可夺志也。"诸葛亮曾说："志当存高远。"苏轼说："古之立大事者，不惟有超世之才，亦必有坚忍不拔之志。"宋文帝说做人应"慨然立志”。王夫之讲：“传家一卷书，惟在汝立志。”由此不难看出立志之于人的重要性。

古之成大事者，需规模远大与综理密微。

（［清］曾国藩《曾文正公家训》）

曾国藩提到：“古之成大事者，需规模远大与综理密微。”意思就是说，能够成就一番事业的人，必须要有一个远大的理想和抱负。其实，远大的理想和抱负就是指远大的志向。决定人发展的主观因素主要是个人发展的愿望，即动机。而动机又取决于个人过去与现在的理想目标。因此成大事者，必须要具备两方面的基本素质，一是“规模远大”，二是“综理密微”。① 由此可见，远大的志向对于一个人的成功有很大的推动作用。带着明确的志向做事，会产生无穷的勇气和斗志，其间遭遇的各种困难则成为磨炼心志和增强胆识的工具。而志向不明者，但凡遇到挫折失败，畏惧和怯懦之心就会出现，丝毫不敢再前进，最终一事无成。

早在两千多年前，作为一个普通农民的陈胜树立了要推翻秦皇朝残暴统治的志向。因此，当别人讥笑他时，他就豪迈地说：“燕雀安知鸿鹄之志哉?”他终于在大泽乡领导了中国历史上第一次农民起义，成为农民起义的领袖。

虽然不是每个人都能成为伟人，但每个伟人都有高远的志向。“身无分文，心忧天下”是毛泽东的同学对他的评价。毛泽东从少年时期就立志报国，献身革命。读书时他身无分文，却有“以天下为己任”的雄心壮志，最后他成为新中国的第一位主席。孙中山出生于一个贫穷的家庭，从小就崇敬

① 参见李志敏《曾国藩教子书（上）》，北京联合出版公司2011年版，第5页。

洪秀全的他，常常自诩为“洪秀全第二”。1911 年，他所领导的辛亥革命推翻了清王朝统治，结束了中国两千多年的封建帝制。高远的志向并不是每个人都拥有，但没有雄心壮志，我们的生活就如一潭死水，不会流动，更不会孕育出什么伟大事物来。正如华罗庚所说：“没有雄心壮志的人，他的生命缺乏了伟大的动力，自然不能盼望他们会有杰出的成就。”

大凡为圣为贤，须立志发奋，即世之成事业者，亦俱有发奋志向，然后可成。

（［清］王师晋《资敬堂家训》）

所谓“志”，不仅仅是远大的志向，更是一种可以激励人奋发向上的精神。梁启超，一个培养了“一门三院士，九子皆才俊”的著名学者，在立志方面也有类似的见解。梁启超认为，立志很重要，但其对子女的教育并不仅仅局限于立志，他还要求子女养志。志向再高远，如果不去落实，那就永远是空想。所以，立志之后一定要用行动去实现志向，只有将志向与行动结合起来的人才有可能获得成功。

当一个人立下志向后，就要循序渐进，不断奋斗。春秋时期，吴越相争，越国大败，身为亡国之君的勾践备受凌辱。后来得以回国，便立志复国。他卧不以床，坐不以席，还准备了一个苦胆时时品尝，以提醒自己莫忘前耻。他与大臣文种、范蠡一道“十年生聚，十年教训”，终于中兴越国，挥军灭吴。志向的火焰不能因为一时的挫折就熄灭，只要坚持，总有一天理想会成为现实。

贫不足羞，可耻的是贫而无志。范仲淹贫，但他“以天下为己任”，只喝白粥，不吃奢侈之物；杜甫贫，但他还能感叹“安得广厦千万间，大庇天下寒士俱欢颜”。

凡人立志胜人，易生傲慢，惟立志学圣人则无害者，何也？学圣从小心敬慎入手，己之恶惟恐不知，人之恶浑然忘之。

（［清］刘沅《家言》）

刘沅（1767—1855），字止唐，一字纳如，号清阳居士，四川双流人。槐轩学派创始人，有《槐轩全书》传世。[①] 清中叶重要的儒学大师、教育家、思想家。从做人的角度来说，立志做个什么样的人是十分重要的。做人最忌傲慢，因为人一生骄心，便会目空一切，看不到自己的缺点。所以刘沅说要立志学圣人，做事小心谨慎，谦虚待人。这的确是为人的美好品质。

2. 有容乃大

《老子》有云："上善若水，水利万物而不争。"意思是说，最高境界的善就像水一样，泽被万物而不争名利。天下事，无论修身、齐家、治国、平天下，往往皆是有德者居之，所谓仁德高尚者，无敌也。

静以修身，俭以养德。非淡泊无以明志，非宁静无以致远。

（［蜀汉］诸葛亮《诫子书》）

诸葛亮（181—234），三国时期蜀汉政治家、军事家。字孔明，琅邪阳都（今山东沂南）人。[②] 早年避乱于荆州，隐居陇亩，时称"卧龙"。刘备三顾茅庐，他提出联合孙权抗击曹操统一全国的建议。此后成为刘备的主要谋

① 参见［清］刘止唐、刘子维著，申子校注《火神之祖：槐轩医学全书》，中国中医药出版社 2013 年版，第 1 页。

② 参见包东波《中国历代名人家训精粹》，安徽文艺出版社 2010 年版，第 12 页。

士。刘备称帝后，任为丞相。刘禅继位，被封为武乡侯，领益州牧，主持朝政。后期志在北伐，连年征战，最后病逝于五丈原。《诫子书》是诸葛亮临终前写给儿子诸葛瞻的一封家书。从文中可以看出诸葛亮是一位品格高洁、学识渊博的父亲，对儿子的殷殷教诲与无限期望尽在此书中。全文通过智慧理性、简练谨严的文字，将普天下为人父者的爱子之情表达得非常深切，成为后世历代学子修身立志的名篇。诸葛亮告诫其子：宁静才能够修养身心，节俭才能培养自己的德行。不把眼前的名利看得轻淡就不会有明确的志向，不能平静安详全神贯注地学习，就不能实现远大的目标。这同“要想取之，必先与之”“欲达目的，需先迂回曲折”的道理一样，现在的“淡泊”“宁静”，不是不想有什么作为，而是要通过学习“明志”，树立远大的志向，待时机成熟就可以“致远”，轰轰烈烈干一番事业。

“静以修身身自清，俭以养德德自成。”修身养德是做人之本、成事之基。在当前价值取向日趋多元化的社会中，我们更要重视自身道德修养，正如诸葛亮所说：“君子之行，静以修身，俭以养德，非淡泊无以明志，非宁静无以致远。”告诫我们在这复杂喧嚣的社会当中，以平和安宁的心态涵养提升自己，增长学识。在“静”中自我思考、自我反省，只有这样，才能发现自己的不足，及时修正和改进。

面对生活节奏飞快的今天，我们心中难免会有烦闷和焦虑。浮躁，会使我们不能冷静地思考，清醒地反思。一个人如果不能“吾日三省吾身”，那么他的思想就不能得到进步和升华。因此，“静”十分重要，“思”不可缺少。“想拥有才识就要学习，学习必须静心。沉迷滞迟就不能励精求进，偏狭躁进就不能冶炼性情。”唯有在紧张的生活中做到“思己之所缺”，才会有自我外在和内在的提升。修身治学需要平心静气，干事创业同样需要平心静气。浮躁急进，不仅不能成就事业，甚至会摧毁事业。因此，要保持一颗平常心，静心、静神，淡定从容地做人和行事。以淡定生骨气，挺直脊梁；以淡定生正气，树立形象；以淡定生朝气，积极作为。

勿以恶小而为之，勿以善小而不为。惟德惟贤，能服于人。

（［蜀汉］刘备《敕后主辞》）

刘备（161—223），字玄德，东汉末年幽州涿郡涿县（今河北涿州）人，三国时期蜀汉开国皇帝，史家又称为先主。根据《三国志·先主传》，刘备是汉朝的宗室，汉中山靖王刘胜的后代。章武三年（223年），刘备病逝于白帝城，终年63岁，谥号昭烈皇帝，葬惠陵。后世有众多文艺作品以其为主角，成都武侯祠有昭烈庙。他为人谦和，礼贤下士，宽以待人，志向远大，知人善用，素以仁德为世人所称赞。① “勿以恶小而为之，勿以善小而不为。惟德惟贤，能服于人。”这是刘备临终前给其子刘禅的遗诏中的话，劝勉他要进德修业，有所作为。不要因为好事小而不做，更不能因为不好的事小而去做。小善积多了就成为利天下的大善，而小恶积多了则“足以乱国家”。而第二句反映了刘备的政治品格特点，也是中国传统的政治思想理念的体现。孔孟主张“德治”，强调“仁政”，告诫统治者要“以德服人”，要用自己高尚的道德来影响臣民。

明朝作家冯梦龙在《东周列国志》书中说：以威胜，不如以德胜。它告诉我们，以权力树立威信，只能使人表面服从，不能使人心服；而以高尚的品德去感染别人，处处为他人着想，方能使人心服，树立群众威信。品德是一个人的德性，是内心深处的一种美。一个品德高尚的人，是受人尊敬的，他内心是美好的，是永远年轻和美丽的。

“惟德惟贤，能服于人”的例子实在数不胜数，身为学者和革命家的闻

---

① 参见刘国辉编注《三国志白话》，红旗出版社1992年版，第156页。

一多先生，他敢说敢做、言出必行、表里如一的品质受到人们的赞赏，在争取民主、反对独裁的斗争中，人民支持他，为他呼喊。我们的周总理，在艰苦恶劣的环境下，自己忍着饥饿，将食物分给战士们，赢得了大家的爱戴。这些事例不正诠释了刘备所说的“惟贤惟德，能服于人”吗？由此可见，对于一个人而言，拥有良好的素质修养、道德品格，就成功了一大半。

做官，做人，事事念念，为义为公。成败利钝，便无足计。大凡人能请约，即能秉正，事无不可为。

（［明］葛守礼《葛端肃公家训》）

葛守礼（1502—1578），字與立，一字與用，临邑县德平镇葛老庄人。自幼贫而好学，嘉靖七年（1528年），乡试第一，次年中进士，授彰德推官。久积未决之冤狱，礼开审即破。世宗爱其才，授职镇守山海关。后累官三部尚书，因正色独立，力驳严嵩，起落有三。在官事三帝，历十九任，凡四十七年。1578年卒，赠太子少保，谥端肃，治以国葬，敕建葛公祠、墓。帝亲书“柱国名臣”四字相赐。其著作有《端肃公全集》《端肃公奏章》。[①] 葛守礼在《葛端肃公家训》中就强调了正直的力量。

那么，什么是正直呢？所谓“正”就是正确、公正、正气，就是不偏不斜、不虚伪、不轻狂，就是光明磊落；所谓“直”就是豁达、坦率、真实，就是直来直去、不弯不绕，不随波逐流。孔子讲：“君子坦荡荡，小人长戚戚。”唐代的魏徵以正直谏言而被君王称为自己的一面镜子。科学家李四光不服定论硬是在北纬四十度以上找到大庆油田，为新中国的建设立下赫赫战功。因此，做一个正直的人不仅是个人发展的需要，更是社会进步的需要。

---

① 参见［明］葛守礼《葛端肃公家训》，选自［清］王士祯《池北偶谈》卷五。

在政界，官员做到正直诚实，就会受到人民的拥戴；在商界，商人做到正直诚实，就会得到消费者的信赖；在文艺界，艺人做到正直诚实，就会受到百姓的尊重。由此可见，正直像航线，能给人以方向；正直像灯塔，能给人以光明。

（三）尚礼守信

在字典里，“礼”的解释是由一定的社会道德观念和风俗习惯形成的。“仪”是指人的容貌和举止。“礼仪”是指人类社会交往中应有的礼节仪式。礼仪是一个人乃至一个民族、一个国家文化修养和道德修养的外在表现形式，是做人的基本要求。孔子曰：“不学礼，无以立”，意思是一个人要想有所成就，就必须从学习礼仪开始。所谓“信”，即诚信，儒家把诚信作为人的基本道德。《大学》也以“正心诚意”作为“修身”的前提。孔子说：“民无信不立。”与人交往要“言而有信”，治理国家要“敬事而信”。君子应当言行一致，诚实守信。历代家训中不乏对礼仪和诚信两方面内容的论述。

1. 表里如一

中华民族源远流长，有着灿烂的文化和完整的礼仪规范，被世人称为“文明古国，礼仪之邦”。但是仪容举止端庄仅仅是礼仪的“表”，一个人的涵养才是礼仪的“里”，做人要内外兼修，表里如一。

与人并坐，不可倒身后靠，摇腿颤脚。二者既惹人生厌，亦非厚福之相。对尊长，则尤为不可。

（［清］李绿园《家训谆言》）

李绿园（1707—1790），原名李海观，字孔堂，号绿园，亦号碧圃老人。清代文学家，长篇小说《歧路灯》的作者。清乾隆元年（1736 年），李绿园考中丙辰恩科举人。他曾三次赴京应试，都名落孙山，最后一次科考后留京谋职，当了三年教师。后经其学生举荐，李绿园被皇帝选任江浙漕运之职。晚年任思南府印江县（今属贵州）知县。乾隆五十五年（1790 年）李绿园逝世于北京，享年 84 岁。①

李绿园在其《家训谆言》中就提到了行为举止的礼仪规范："与人并坐，不可倒身后靠，摇腿颤脚。二者既惹人生厌，亦非厚福之相。对尊长，则尤为不可。"在《论语·学而》中，孔子说："君子不重则不威，学则不固。"这是因为，只有庄重才有威严。否则，即使学习了，也不能巩固。具体说来，就是"站如松，坐如钟，行如风，卧如弓"。在公众场合举止不可轻浮，应该庄重、谨慎又从容，合乎礼仪规范。外在形象是一种无声的语言，它反映了一个人的道德修养，也向人们传递了一个人对生活的态度。一个仪容优雅的人，无论走到哪里，都会给那里带来文明的春风，得到人们的尊敬。

凡言语、文字，与夫作事、应酬，皆须有涵养。

（［明］袁仁《训子语》）

袁仁，袁了凡的父亲。生于明成化十五年（1479 年），卒于明嘉靖二十五年（1546 年）。字良贵，号参坡。袁仁"博极群书"，天文、地理、历书、兵刑、水利、医学等，无不精通，家有藏书两万余卷，号称文献世家。袁仁以医为业，又以贤能闻名于地方，曾被选为"耆宾"，主持地方的祭典。袁仁博学又善于教育，对袁了凡早年的影响极大。他对袁了凡教导的重心在修身："士之品有三，志于道德者为上，志于功名者次之，志于富贵者为下。"袁仁临死前将藏书全部托付给袁了凡，沐浴更衣，笔录"附赘乾坤七十年，飘然今喜谢尘缘"一诗，投笔而逝，达观潇洒。家庭的教育为袁黄思想的形

① 参见杜贵晨《李绿园与歧路灯》，辽宁教育出版社 2000 年版，第 9 页。

成播下了最初的种子。

如果说仪容举止端正庄重是礼仪的“表”，那么涵养就是礼仪的“里”了。现实生活中，有的人素质高，说话很有分寸，很有内涵，表现出一种高雅的气质，给人留下良好的印象；而有的人说话咄咄逼人，粗鲁、庸俗、低级，听着很不顺耳，没有水准。

做一个有涵养的人，首先要谦虚和善，礼貌待人。为人谦逊是人的良好品质，古人说：“谦受益，满招损”，任何一个场合，如果你表现傲慢，都会显得对人不尊重、不礼貌，别人对你就会有排斥心理，是你走向成功的一大障碍。“三人行，必有我师”，不论你有多高的文化、多好的技术、多么优越的条件，他人都有值得学习的东西。人类是生活在群体里的，一个人的精力、能力、生命是有限的，我们不可能在有限的范围内了解、掌握整个社会的知识和经验，虚心请教他人会让我们的工作生活更加顺利。不能因为自己有一技之长就认为自己高人一等，处处在别人面前展示，那样会伤他人自尊。帮助了朋友也不能常常挂在嘴边，特别是当朋友的家人或亲戚在场的时候更不要提及，要以真正关心、爱护朋友的心对待朋友。语言要和善可亲，不急躁、不粗鲁、不固执，就像对待家人一样，以一种平和、安详的态度与他人交往。和善的“善”，应是出自内心的诚意，是诚于内而形于外，而不是巧言令色和表面应付。《礼记·曲礼上》说：“夫礼者，自卑而尊人。”如果表面恭敬热情而内心虚伪，或是仅仅内心尊敬，而毫无表情，都是不够的。应该表里一致，才能从根本上消除人与人之间的隔阂、摩擦，进而互敬互爱，友好相处。尊重他人，就要平等待人，不分高低贵贱，一视同仁。《论语·子罕》载：孔子看见穿丧服、戴礼帽、穿礼服的人和盲人，即使这些人年轻，孔子也必定站起来。经过别人面前时，一定快步走过，以示敬意。

古人敬人的方式也有值得借鉴的地方。首先要尊重他人的意愿，顾及别人的需要和禁忌，不强人所难，不苛求别人做不能做的事，不强求别人接受不喜欢的东西。

中国古代社会推崇礼治和仁政，孟子说："养老尊贤，俊杰在位，则有庆"，"庆"就是赏赐。古代这种传统礼仪对于形成良好的人际关系，以及有序和谐的伦理关系，都起着重要作用。古代的敬老，并不是只停留在思想观念和说教上，也并不仅限于普通百姓的生活之中，从君主、士族到整个官绅阶层都有体现。《礼记·祭义》记载："古之道，五十不为甸徒，颁禽隆诸长者。"就是说，50岁以上的老人不必亲往打猎，但在分配猎物时要得到优厚的一份。古人对于同长者说话时的音量也做了明确的要求，如《养蒙便读·言语》："侍于亲长，声容易肃，勿因琐事，大声呼叱。"《弟子规》："低不闻，却非。"总之，上至君王贵族，下至庶人百姓，都要遵循一定的规则。用何种方式表达对老者、长者的孝敬之意，是衡量一个人是否有修养的重要标志。任何时代都需要尊敬老人，不仅因为老人阅历深，见闻广，劳动时间长，对社会贡献大，更因为他们在体力和精神上不比年轻时候，需要青年人照顾和帮助。

关于敬贤，三国时候有个典故，叫"三顾茅庐"，说的是刘备仰慕诸葛亮的才能，要请他帮助自己打天下，于是便不厌其烦地亲自到诸葛亮居住的草房请他出山。一而再，再而三，诸葛亮才答应。从此，诸葛亮的雄才大略得以充分发挥，为刘备的事业"鞠躬尽瘁，死而后已"。纵观中国古代历史，历来有作为的君主，大多尊贤用贤。平时不敬贤，到了紧急关头，贤才就不会为国分忧。今天我们提倡发扬古代"敬贤之礼"，就是要尊重知识，尊重人才。当今社会，各种竞争越来越激烈，但归根到底是人才的竞争。大至国家民族，小到公司企业，要在激烈的竞争中保持优势地位，都必须要有强大的人才队伍。只有从思想观念到具体行动上尊重、爱护人才，才能使全社会形成一个尊重知识、尊重人才的良好环境。

同时，要想立于不败之地，还要有一定的文化知识和丰富的社会阅历作支撑。一个人的文凭或许很重要，但更重要的是，我们在日常生活中要不断努力学习，积极上进，有了深厚的文化底蕴和丰富的社会经验，做人做事才会让人心悦诚服。

总之，要想在激烈的竞争中站稳脚跟，就得加强学习，不断提高文化素养，积累经验，做一个有内涵的人，这也是礼仪对人的内在要求。

会数而礼勤，物薄而情厚。

（［北宋］司马光《训俭示康》）

司马光（1019—1086），字君实，号迂叟，陕州夏县（今山西夏县）涑水乡人，世称涑水先生。北宋政治家、史学家、文学家。历仕仁宗、英宗、神宗、哲宗四朝，卒赠太师、温国公，谥文正。为人温良谦恭、刚正不阿。其人格堪称儒学教化下的典范。宋仁宗时中进士，英宗时进龙图阁直学士。宋神宗时，反对王安石施行变法。王安石变法以后，司马光离开朝廷十五年，主持编纂了中国历史上第一部编年体通史《资治通鉴》。生平著作甚多，主要有《资治通鉴》《温国文正司马公文集》《稽古录》《涑水记闻》《潜虚》等。①

司马光告诫儿子要熟悉礼节，勤于向客人施礼，不要太看重礼品的价值，而应当着重于情意。清代名臣曾国藩也教育儿子“情意宜厚，用度宜俭，此居家居乡之要诀也”②，说的就是如何处理“情谊与礼物”之间的关系。苏轼的“且同千里寄鹅毛，何用孜孜领麋鹿”，欧阳修的“鹅毛赠千里，

---

① 参见杨洪杰、吴麦黄《司马光传》，山西人民出版社 1997 年版，第 12 页。

② 李志敏：《曾国藩教子书（上）》，北京联合出版公司 2011 年版，第 160 页。

所重以其人”，邢俊臣的“物轻人意重，千里送鹅毛”，都说明了一个道理：礼物不在多寡，不在厚薄，不在轻重，贵在情意。中华民族自古以来注重礼尚往来，《礼记》有云：“礼尚往来。往而不来，非礼也；来而不往，非礼也。”这已不仅仅是一句名言，而是世世代代流淌在我们身体中的血液，并且仍将世世代代流淌下去。它不仅蕴含着对他人的尊重，也蕴含着对自己的尊重。“礼多人不怪”，故而在待客上一定要礼数周全，不可怠慢。当然，往来之礼也该适度，正如《庄子・山木》所说：“君子之交淡若水，小人之交甘若醴；君子淡以亲，小人甘以绝。彼无故以合者，则无故以离。”不要为了礼仪而礼仪、为了面子而礼仪，也不要为了利害关系而礼仪，这样你才能轻松起来，才能坦然面对别人与自己。讲究礼仪最重要的是一个“情”字，情到意到，心中有他人才是最大的“礼”。

2. 信以为本

墨子曰：“言不信者行不果。”从古至今，人们都非常重视诚信这种道德品质，都非常愿意同有诚信的人打交道。无论是人际交往还是经济活动，守信都是第一要义。诚实守信，是人之根本，是中华民族的传统美德。

以身涉世，莫要于信。一事失信，便无事不使人疑。

（［清］汪辉祖《双节堂庸训》）

汪辉祖（1730—1807），字焕曾，号龙庄、归庐，绍兴师爷，萧山瓜沥镇昭东大义村人。是名闻全国的“绍兴师爷”，被称为“一代名幕”。清代政学两界的名幕、良吏，早年举业不顺，20余岁入幕府，后于乾隆四十年（1775年）中进士，曾任湖南宁远知县、道州知州。致仕后，退养在萧山苏家潭。他为幕三十四年，以善断疑案著称，足迹遍布江浙两省十八个州县衙门，后来他任州县官五年，勤政爱民，政绩斐然。他不仅是一位难得的清官，也是一位著述宏富的学者。与政绩相比，他所著的《双节堂庸训》为更多人所知。这部家训，既是教育子孙的材料，又是修身齐家的实用之书。汪氏家训中就提到了诚信的重要性。

守信是诚实的一种表现，千百年来，人们讲求诚信，推崇诚信。春秋战国时期，秦国的商鞅在秦孝公的支持下主持变法。当时战争频繁、人心惶惶，为了树立威信，推进改革，商鞅下令在都城南门外立一根三丈长的木头，并当众许下诺言：谁能把这根木头搬到北门，赏金十两。围观的人不相信如此轻而易举的事就能得到如此高的赏赐，结果没人肯出手一试。于是，商鞅将赏金提高到 50 金。重赏之下必有勇夫，终于有人站起将木头扛到了北门，商鞅立即赏了他 50 金。商鞅因此举在百姓中树立起了威信，接下来的变法很快就在秦国推广开了。新法使秦国日渐强盛，最终统一了中国。

而在商鞅“立木为信”的地方，却曾发生过一场令人啼笑皆非的“烽火戏诸侯”的闹剧。周幽王有个宠妃叫褒姒，为博她一笑，周幽王下令在都城附近 20 多座烽火台上点起烽火。诸侯们见到烽火后率领兵将们匆匆赶到，弄明白这是君王博妻一笑的花招后愤然离去。褒姒看到平日威仪赫赫的诸侯们手足无措的样子，终于开心一笑。五年后，酉夷太戎大举攻周，幽王烽火再燃，而诸侯却未到——谁也不愿再上第二次当了。结果幽王被逼自刎，褒姒也被俘虏。一个“立木取信”，一诺千金；一个帝王无信，玩“狼来了”的游戏。结果前者变法成功，国势强盛；后者自取其辱，身死国亡。可见，“信”对一个国家的兴衰存亡起着非常重要的作用。诚实守信应该从每一个人做起，个人的小诚信铸就整个社会的大诚信。

许人一物，千金不移。

一言既出，驷马难追。

心口如一，童叟无欺。

人而无信，百事皆虚。

（《增广贤文》）

《增广贤文》又名《昔时贤文》《古今贤文》，是明朝时期编写的儿童启蒙书。书名最早见于明万历年间的戏曲《牡丹亭》，据此可推知此书最迟写成于万历年间。这部著作集结了各种格言、谚语，后来经过明清两代文人的不断增补，才改成现在这样。作者一直未见任何书载，只知道清代同治年间儒生周希陶曾进行过重订，很可能是民间创作的结晶。《增广贤文》中提到："许人一物，千金不移。""一言既出，驷马难追。""心口如一，童叟无欺。""人而无信，百事皆虚。"这些都是在强调诚信的重要性。

孔子曰："人而无信，不知其可也。"诚信在中华民族传统文化中被视为做人的一种基本品质，处事的一种行为规范。宋庆龄是我们非常熟悉的中华民族杰出的女性之一。在宋庆龄当了国家副主席后，一次，她去幼儿园对小朋友们许下承诺，六一儿童节那天和小朋友们一起过节日。可是那天天气突变，刮起了大风，下起了大雨，老师和同学们都以为宋庆龄奶奶不会来了，当他们失望地望着窗外灰蒙蒙的天时，宋庆龄奶奶的车奇迹般地出现在校园门口，孩子们惊喜地笑了，老师激动地握住了宋庆龄奶奶的手。宋庆龄奶奶对老师说了一句话："既然我说了，就得守信。"

"狼来了"的故事之所以在民间广泛流传，家喻户晓，就在于简单的故事蕴含了深刻的哲理，即失信的人最终会自食其果。这个故事警示人们：遵守信用不是一件小事情，失信有可能造成致命的危害。随着社会发展，市场经济的冲击，不守信的事也频繁发生，比如早些年的三鹿奶粉事件让我们明白，只有讲诚信重道德，树立良好的企业形象，才能长久生存下去；如果为追逐高额利润而背信弃义，就会失去信誉，受到法律制裁。

二、治家

所谓治家，就是为了使家庭生活正常运转而对家庭中的人、事、财等项目实施的管理。儒家把家庭伦理看成治国之基，如《礼记·大学》中“所谓治国必先齐其家者，其家不可教，而能教人者无之”。北宋司马光鲜明地指出“治家者必以礼为先”，他所主张的礼的要点就是“父慈而教，子孝而箴，兄爱而友，弟敬而顺，夫和而义，妻柔而正，姑慈而从，妇听而婉”，强调了“礼治”对家庭生存发展的重要性。《颜氏家训》中也有很多颇为实用的治家规范，例如勤俭持家，“然则可俭而不可吝已。俭者，省约为礼之谓也；吝者，穷急不恤之谓也。今有施则奢，俭则吝；如能施而不奢，俭而不吝，可矣”①。颜氏认为，节俭与吝啬是不同的，节俭是节约而不失礼节，吝啬则是穷急而丧失了体恤之心。颜氏还认为对待家人应宽严适度。

（一）百善孝为先

俗话说：“百善孝为先。”这反映出中华民族极为重视孝的观念。历代家训中对孝的描述也极其丰富。

1. 孝敬父母

孝敬父母是我们中华民族的传统美德。在人的一生中，对自己恩情最深的莫过于父母，是父母给予了我们生命，是父母辛勤地养育了我们，我们的成长凝结着父母的心血。每一个人都是在父母的悉心关怀和百般呵护下慢慢长大的。父母的亲子之爱、舐犊之情只能用两个词来形容——无私、伟大。他们可以为子女付出一切，也心甘情愿付出一切。所以，孝敬父母是做人的基本道德。

孩提之童，无不知爱其亲，及其长也，无不知敬其兄。可知孝亲悌

① ［南北朝］颜之推：《颜氏家训》，晨光出版社2016年版，第30页。

友，是天性中事。

（［清］朱柏庐《劝言·孝悌》）

朱柏庐《劝言》中说道：小小的孩子，没有不知道敬爱他的父母的；等到他长大些了，没有不知道尊重他的哥哥的。由此可知，孝敬父母，敬爱兄长，是人本性中应该做的事。在传统家庭中，父母不仅赋予了子女生命，而且供给他们生活必需品，使其长大成人；子女长大了，父母也衰老了，子女反过来像父母抚养自己那样赡养老人，这应该是天经地义之事，是十分自然的。

在人的一生中，父母的关心和爱护是最真挚最无私的，父母的养育之恩是永远也诉说不完的。可以说，父母为养育自己的儿女付出了毕生的心血。

历史上有关孝敬父母的例子不胜枚举。东汉时的黄香，是历史上公认的“孝亲”的典范。黄香小时候，家境困难，10 岁失去母亲，父亲多病。闷热的夏天，他在睡前用扇子驱赶蚊子，扇凉父亲睡觉的床和枕头，以便让父亲早一点入睡；寒冷的冬夜，他先钻进冰冷的被窝，用自己的身体暖热被窝后才让父亲睡下；冬天，他穿不起棉袄，为了不让父亲伤心，他从不叫冷，表现出欢呼雀跃的样子，努力在家中营造一种欢乐的气氛，好让父亲宽心，早日康复。

当今社会，只有在物质和精神两方面都让老人得到满足，做到“外安其身”“内安其心”，做儿女的才是真正尽到了孝心。因此，在生活中，首先要在物质上尽量满足老人的需求，让老人的衣食住行都得到保障；其次，子女要尽量顺从老人，与老人交心，使老人的精神得到抚慰。老年人在精神层面的需求更胜于物质的需求。所以说，做子女的要处处尊重老人，也要多宽容和谅解老人。

人之孝行，根于诚笃。

（［南宋］袁采《袁氏世范》）

袁采，宋孝宗隆兴元年（1163年）进士，后官至监登闻鼓院，掌管军民上书鸣冤等事宜，即负责受理民间人士给朝廷的进状。袁采自小受儒家之道影响，为人才德俱佳，时人赞称“德足而行成，学博而文富”。步入仕途以后，袁采以儒家之道理政，以廉明刚直著称于世，而且很重视教化一方。在任温州乐清县令时，他感慨当年子思在百姓中宣传中庸之道的做法，于是撰写《袁氏世范》一书用来践行伦理教育，美化风俗习惯。被誉为“《颜氏家训》之亚”[①] 的《袁氏世范》，在中国家训发展史上占有重要地位。《袁氏世范》包含有丰富的家庭伦理教化和社会教化思想，在许多方面都将中国古代家庭教育的内容、方法提高到一个新的高度。

袁采在《袁氏世范》中强调孝敬父母的根本在于心诚。怎样才算是心诚呢？为父母在城市买房买车？为父母雇最贵的保姆？为父母买最高档的补养品？这些都是孝的“末”，也就是最低层次。怎样才能做到“舍末逐本”呢？“孝敬”之“本”应该表现为对父母精神上的慰藉、感情上的关爱以及物质上的支持。

曾有人做过一项社会调查，调查当今家庭成员隔代人之间的表情及脸色变化。调查显示，100位老人见到后辈儿孙时，有91人表情愉悦，面带微笑；有5人显得很平静；有4人面带期待与希冀。而100位儿孙遇见长辈时，有46人板着面孔，脸色难看；有41人表情平淡，无动于衷；有13人笑脸相迎，问寒问暖，情意融融。虽然调查数字不一定十分严谨，但从一个侧面反映出当前一个严峻的家庭与社会问题。

① 《线装经典》编委会：《中华处世绝学》，云南教育出版社2011年版，第63页。

现实生活中，有些人在单位对领导和同事都很有礼貌、很温和，在社会上对朋友和恋人的态度也是和颜悦色，可是一回到家里，就对父母耍态度，给脸色，觉得父母凡事总是“瞎操心”，心中不屑、脸上不敬。我们之所以会“色难”，就是因为没有一颗恭敬的心，没有一个谦和的态度。于是，“色悦”成为衡量一个人是否具有孝心的道德标尺。就是说，要经常对父母微笑，恭敬地对待他们，关心他们的物质生活和精神生活。孝敬父母，重在心诚，心诚则自然和颜悦色。

奉亲最急也，祭祀最严也。

（［南宋］陆九韶《居家制用》）

陆九韶（1128—1205），字子美，号梭山居士，江西抚州金溪人，南宋学者。陆九渊四兄，与弟陆九龄、陆九渊并称“三陆”，其学说称“三陆子之学”。学问渊博，隐居不仕，讲学于梭山。主要弟子有严松、徐仲诚。治学以切于日用为要，崇尚孝悌忠信，重义轻利。临终自撰《终礼》，戒家人不得铭墓。著有《梭山文集》《家制》《州郡图》等。

孝敬父母不分年龄大小，也不分能力强弱，现在就去做，不要等父母都不在了而空留遗憾。毕淑敏曾说：“有一些事情，当我们年轻的时候，无法懂得。当我们懂得的时候，已不再年轻。世上有些东西可以弥补，有些东西永无弥补。‘孝’是稍纵即逝的眷恋，‘孝’是无法重现的幸福，‘孝’是一失足成千古恨的往事，‘孝’是生命与生命交接处的链条，一旦断裂，永无连接。”或许每一个人都在小的时候立下誓言：在自己衣锦还乡之时，一定会让操劳一生的父母住进豪华的房子，日日享受珍馐美味。遗憾的是，父母总是衰老得那样快，他们很多都等不到自己孩子功成名就的那天。人的一生渺小而短暂，生命的无常总是让人不知所措，有些人，有些事，一旦错过就是一辈子。

正因为如此，我要对那些父母健在的人说：“趁青春还在，趁微风不噪，趁父母未老，多爱他们。对他们好一点，不要当失去时，才后悔没有珍惜。”世界上最不能等的事，其实是孝顺。

2. 友爱兄弟

兄弟团结和睦、关系融洽是一个家庭兴旺的关键。中国古代多为子女众多的大家庭，处理好兄弟之间的关系显得尤为重要。血浓于水，兄弟之间的亲情是其他任何感情都无法取代的。事实上，兄弟反目不但违背兄弟之道，更有违孝道，因为最痛心的是他们的父母。

> 兄弟者，分形连气之人也，方其幼也，父母左提右挈，前襟后裾，食则同案，衣则传服，学则连业，游则共方，虽有悖乱之人，不能不相爱也。
>
> （［北齐］颜之推《颜氏家训》）

颜之推（531—591），字介，原籍琅邪临沂（今山东临沂北）[①]，是南北朝时期我国著名的思想家、教育家、诗人、文学家。他是当时最博通、最有思想的学者，经历南北两朝，深知南北政治、俗尚的弊病，洞悉南学北学的短长。他的理论和实践对于后人颇有影响，《颜氏家训》是他对自己一生有关立身、处世、为学经验的总结，被后人誉为家教典范，影响很大。

颜之推在《颜氏家训》中说道：兄弟，是形体虽分而血脉相通的人，当他们幼小的时候，父母左手牵右手携，拉前襟扯后裙，饭同桌，衣递穿，用同一册课本学习，到同一处地方游玩，兄弟中虽然也有荒谬胡乱来的，但也

---

① 参见［南北朝］颜之推《颜氏家训》，晨光出版社2016年版，第3页。

不能不相友爱。

俗话说，“家和万事兴”“家不和外人欺”，任何时候都不要做“亲于外而疏于内”的事。正如颜氏所指出的，兄弟是形体虽然分开了，但血脉依然相通的人，大家成长在同一个家庭里，任何时候、任何地方，血缘都是隔不断的，兄弟之间的彼此付出是不需要任何理由、不求任何回报的，这都是本能。那么，我们还有什么理由不去维护兄弟之间的感情呢？

兄之所贵者，友也；弟之所贵者，恭也。

（［南宋］朱熹《朱子家训》）

朱熹，字元晦，又字仲晦，别号晦庵，晚称晦翁。祖籍徽州婺源（今属江西婺源县），宋高宗建炎四年（1130 年）出生于福建南剑（今福建南坪）尤溪县，卒于宋宁宗庆元六年（1200 年）。宋明理学的集大成者，著述甚多。《朱子家训》全篇三百余字，阐述了个人在家庭和社会中应该承担的责任和义务。文句工整对仗，言辞清晰流畅，具有极强的感召力和深厚的人生智慧，影响深远。

朱熹在《家训》中说，兄长要爱护弟弟，弟弟要尊敬兄长。所谓“友”，就是要友爱，互相帮助，患难与共；“恭”则是指尊敬、谦恭。“友”“恭”是兄弟姐妹之间团结的根基，如果连自己的同胞手足都不友爱、不团结，谈何友爱、团结其他人呢？有道是家和万事兴，家庭和睦是事业成功的基础。兄弟之间要友爱、互相帮助、彼此谦恭、和睦相处，不能因为一些小事而大动干戈，反目成仇。

中国人注重长幼有序、兄友弟恭的文化传统，而“孔融让梨”无疑是符合这个传统的。“孔怀兄弟，同气连枝”，兄弟之间要相互关心友爱，彼此气息相通，因为兄弟之间有直接的血缘关系，如同树木一样，同根连枝。只有兄弟间和睦相处，自己的家族才能枝繁叶茂。再者，兄弟如手足，手足相残、同室操戈，无论谁胜谁负，都必定大伤元气。

清代名臣曾国藩也在家书中强调了兄弟和睦的重要性。他说："贵兄弟和睦。"的确，一个家庭能否发展壮大，关键在于兄弟间是否和睦。历史上同室操戈的例子也不胜枚举，如三国时曹操的儿子曹丕、曹植。其实，不光是皇室存在这样的问题，寻常百姓家为争财产而兄弟不和，甚至对簿公堂的也大有人在。

春秋时期，郑国大夫徐吾犯的妹妹徐吾氏长得特别漂亮，人见人爱，下大夫公孙楚和上大夫公孙黑见过她之后，都想娶她为妻。下大夫公孙楚送了聘礼，订为未婚妻；上大夫公孙黑也送来礼物，强作婚约。公孙楚与公孙黑都是贵族，而且是兄弟，徐吾犯一时之间不知该如何是好，只得去请教执政子产。子产听了徐吾犯的讲述后说："因为国家政治不清明，所以才会出现两个大夫争夺妻室的事情，这不是你的过错，还是让你的妹妹自己做决定吧。"

徐吾犯让二人分别来求亲。公孙黑穿着华丽的服装，将聘礼置于堂上；公孙楚穿着军服，在院中射箭，接着跳到车上离去，他没有再送礼，因为之前他已给过聘礼，认为不需要另送。徐吾氏在屋内认真地观看了两位大夫的行动，做出了选择。她认为公孙黑确实漂亮，但不能做自己的丈夫，而公孙楚表现出了男子汉气概，所以决定嫁给他。她的哥哥尊重她的意见，徐吾氏遂同公孙楚结为夫妻。

但这件事情并未到此结束，失败的公孙黑很不甘心，一气之下，全副武装闯入公孙楚的家中，声称要杀死自己的堂哥，以夺取徐吾氏。公孙楚听了他的话也不甘示弱，拿起武器与公孙黑打斗起来，结果在打斗中，公孙黑不幸被击伤。

如公孙黑与公孙楚这般同室操戈的事情历史上不胜枚举，或为名利，或为美女，或为权势……无论是为了什么，这样的事情不断发生，直到今天，它还在上演。放眼当今社会，有许多家族企业皆由兄弟姐妹携手合作，在激烈的市场竞争中相互激励、共渡难关，最终成就一番事业而受人敬慕。所以，兄弟之间一定要互相帮助和扶持，只有团结起来，才能成长、进步，成就事业。

3. 爱惜己身

《孝经》开宗明义章就说道："身体发肤，受之父母，不敢毁伤，孝之始也。"意思就是说，我们的身体、毛发、皮肤是父母给我们的，我们必须珍惜爱护。因为健康的身心是做人做事的基本条件，所以珍惜爱护我们的身体就是行孝尽孝的开始。

身体发肤，受之父母，不敢毁伤，孝之始也。

（《孝经》）

《孝经》是中国古代儒家的伦理学著作。传说是孔子自作，但南宋时已有人怀疑是出于后人附会。清代纪昀在《四库全书总目》中指出，该书是孔子"七十子之徒之遗言"，成书于秦汉之际。该书以孝为中心，比较集中地阐发了儒家的伦理思想。它肯定"孝"是上天所定的规范，"夫孝，天之经也，地之义也，人之行也"。书中指出，孝是诸德之本，"人之行，莫大于孝"，国君可以用孝治理国家，臣民能够用孝立身理家，保持爵禄。在中国伦理思想中，《孝经》首次将孝亲与忠君联系起来，认为"忠"是"孝"的发展和扩大，认为"孝悌之至"就能够"通于神明，光于四海，无所不通"。

据中国心理卫生协会资料显示，自杀在中国已成为位列第五的死亡原因，仅次于心脑血管病、恶性肿瘤、呼吸系统疾病和意外死亡。自杀给家庭和社会带来的影响是无法估量的。

的确，自杀者肯定有自杀的理由，诸如疾病的困扰、生活的无奈、感情的纠葛、事业上的挫折、命运中的诸多不幸，等等。这里我们只想对那些还心存自杀念头的人说：纵有千万条理由，也不应该选择自杀，因为自杀是最大的不孝。

人的生命躯体，皆为父母所给。父母生养之恩，每思难报，因此自当爱惜生命。父母含辛茹苦生养我们，做子女的就应该尽到赡养的义务，而自杀恰恰是一种不负责任的表现，从伦理上讲就是一种不孝。孔子说："身体发肤，受之父母，不敢毁伤，孝之始也。"在孔子看来，自己身体的一部分，哪怕是一块皮，一缕发，都要倍加爱惜，何况生命呢？因此，判断一个人孝与不孝的基本标准就是，看这个人是否爱惜自己的身体和生命。道理十分简单，因为"身体是革命的本钱"，一个人只有具备了良好的身体条件，才能建功立业，尽忠尽孝。自杀，看起来是个体行为，实际上是一种严重的社会行为。

关于这一问题，历代先贤们均有过精辟的论述。孟子有句名言："不孝有三，无后为大。"《十三经注疏》是这样解释的："于礼有不孝者三，事谓阿意曲从，陷亲不义，一不孝也；家贫亲老，不为仕禄，二不孝也；不娶无子，绝先祖祀，三不孝也。三者之中，无后为大。"用白话文来解释就是：一味顺从，见父母有过错而不劝说，使他们陷入不义之中，这是第一种不孝；家境贫穷，父母年老，自己却不去做工挣钱以供养父母，这是第二种不孝；不娶妻生子，断绝后代，这是第三种不孝。三者之中，无后为大。那么，这句话与自杀又有什么必然联系呢？

孟子的这句话，自古以来，多数人理解得比较片面和肤浅，有的甚至认为孟子太不人性化了。其实这是对孟子原话本意的误解。结合孔子的论述不难发现，孔孟对于孝的观点是一脉相承的，那就是珍爱生命。不娶无子是绝先祖祀，自杀同样也是绝先祖祀，甚至有过之而无不及。

孔子把行孝尽孝分为三个阶段："夫孝，始于事亲，中于事君，终于立身。"即：第一，爱惜身体，保护生命，继承父志，传承家业，赡养父母；第二，修德学道，增益才能，服务社会，对国尽忠；第三，建功立业，行道布施，扬名后世，光宗耀祖。三者哪一条都离不开健康的体魄和顽强的生命。

由此看来，虽然我们拥有生命，但我们无权草率地处置生命，因为生命是父母给的。所以，自杀是最大的不孝，我们一定要爱惜己身。

（二）勤俭持家

勤俭即勤劳节俭。勤劳是指不懒惰，努力劳作，不怕辛苦，尽力多做事。只有凭借自己的双手和智慧，通过辛勤劳动，才会获得经济收入的增加和生活条件的改善。节俭是对消费合理节制，不奢侈浪费。勤俭持家、勤劳致富，是中华民族的传统美德，是家庭兴旺的保证。很多古代家训把它看作是传家的法宝，希望子孙能世世代代继承下去。

1. 勤俭有道

勤俭持家是一种素养、一种品行，是现代文明的内在诉求，更是一份社会义务的担当。节约是一种远见，一种态度，一种智慧。小到一个人、一个家庭，大到一个国家、整个人类，要想生存，要想发展，都离不开"勤俭"二字。

勤之为道，第一要深思远计，第二要晏眠早起，第三要耐烦吃苦。俭之为道，第一要平心忍气，第二要量力举事，第三要节衣缩食。

（［清］朱柏庐《劝言・勤俭》）

朱柏庐在《劝言・勤俭》中详细地告诉了我们如何才能做到勤俭有道。他认为勤主要表现在如下三个方面：第一要有长久的打算，把要办的事情及早办好。如果没有准备，而仓促去做，花费的钱财必多。第二是早睡早起，可以收“一日而复得半日之功”的效果。第三要肯吃苦，只有肯吃苦，才能有收入。从俭的方面来说，他认为也应该从三个方面入手：第一是要提高自己的修养，不与人争斗，避免发生不必要的争讼。因为一旦得了官司，不仅费钱费力费时，而且会损害你的工作，弄不好会搞得家破人亡。第二就是办什么事情要根据自己的经济能力，不要好高求胜。第三是在日常生活上节俭，不要讲究吃穿。

然而在现代社会，铺张浪费摆阔气、讲排场、花钱如流水的现象随处可见，这造成了社会资源的极大浪费。我们有责任有义务去影响和改变自己身边的人。

一个没有勤俭节约、艰苦奋斗精神作支撑的国家是难以繁荣昌盛的；一个没有勤俭节约、艰苦奋斗精神作支撑的社会是难以长治久安的；一个没有勤俭节约、艰苦奋斗精神作支撑的民族是难以自立自强的。所以，我们应该牢固树立勤俭意识，“让勤俭成为习惯”“让勤俭成为生活方式”，坚持从自己做起，从一点一滴的小事做起。

“勤”字工夫，第一贵早起，第二贵有恒。“俭”字工夫，第一莫着华丽衣服，第二莫多用仆婢、雇工。

（[清] 曾国藩《曾国藩家书》）

曾国藩在给侄子曾纪瑞的信中从两点解释了“勤”字，一是早起，二是有恒。关于早起的益处，“雅虎新闻网”曾经总结了早起的五大好处。一是脾气更好。调查发现，早睡早起的人情绪更稳定。早起的人精力更充沛，解决问题也更顺利。二是保持体重。澳大利亚曾对 2200 名青少年进行睡眠与体重关系的调查，发现起床晚的人肥胖概率要增加一倍多，而早起的孩子，无论他们睡眠时间多少，发生肥胖的概率更低。三是饮食适度。美国西北大学的研究发现，“夜猫子”每天要比别人多吃 248 卡路里的食物，而且吃掉的速食食品更多，水果和蔬菜的摄入量也不如早起的人多。要避免肥胖，早睡早起是十分方便且健康的方法。四是快乐心情。通常，早起的人比“夜猫子”拥有更快乐的心理感受，而且，随着年龄增加，早起的这种优势也就更加明显。五是提高人体免疫力。不论从中医还是西医角度，早睡早起都是有利于健康的。从这项调查中我们可以发现，祖辈们的告诫不仅是经验之谈，也得到了科学研究的证实。有恒更是十分重要，做任何事情都贵在恒心，长久坚持下去，就没有做不成的事。

在“俭”的问题上，曾国藩着重提出两点，一是不要衣着华丽，二是不可多用仆婢。在衣着问题上，现在许多年轻人攀比、炫富，衣服鞋子要名牌，动不动就上千上万，一个包甚至几万几十万，这显然违背“俭”的要求，是一种虚荣的表现。古人说：“由俭入奢易，由奢入俭难”，一旦养成了奢侈的习惯，再改就没那么轻松了。所以，一定不要放纵孩子奢侈的行为，一定要克勤克俭。

2. 俭吝有别

“俭”即节省，不浪费。“吝”即当用的财物舍不得用，过分爱惜。俭和吝的区别在于，俭是合理运用，而吝就是守财奴。该用的地方不用谓之吝，自已守财不用也是吝。所以，俭和吝是有区别的。正确的节俭应该是当予则予，当用则用；公益事业不惜花大钱，日常生活能省则省。

俭者，省约为礼之谓也；吝者，穷急不恤之谓也。

（［北齐］颜之推《颜氏家训》）

北齐颜之推在《颜氏家训》中说道：俭者，是合乎礼的节省；吝啬，是在别人困难危急的时候也不体恤救助。节俭，属褒义词，是不浪费，是合理安排，是物尽其用，是钱用在刀刃上。而吝啬，则是贬义词，是在有能力的情况下，除了节俭之外，还一毛不拔，爱计较，甚至连该用的也舍不得用，总是亏待自己，也亏待别人。那么，在日常生活中如何把握才能做到既节俭又不吝啬呢？笔者认为有这样几个方面值得思考与借鉴：一是要做到物尽其用，二是满足日常的生活需求，三是正确认识自己拥有的财富，四是乐善而好施。

要做到物尽其用。怎么样才算是做到了物尽其用呢？其标准，就是看所使用的物品有没有达到规定的年限。比如，我们的住宅房屋，根据中国的建筑设计质量规定要求，砖混结构的房子，使用寿命一般是 50 年的时间；钢混结构的房子，使用寿命一般是 80 年的时间。如果没有严重的地震灾害破坏，在规定的期限内是不能够任意拆掉的，如果单纯为了追求美观，提前拆掉另建新房，就是没有做到物尽其用，就是一种资源的浪费。再比如，我们穿的服装，虽然没有明确的使用寿命和年限，但是在能够继续使用的情况下，就不能随便扔掉，扔了也是一种浪费。旧衣服实在不想穿了，也可以改作他用。这些都是典型的物尽其用。

满足日常的生活需求。什么叫满足日常的生活需求？虽然没有严格的规定和参考标准，但是每个人内心却应当有分寸。以穿衣为例，一个收入不高者，或普通民众，能穿四十元一条的裙子，就没有必要非得买一千元一条的穿。再比如喝酒，十几元或三四十元一瓶的酒，与几千元和上万元一瓶的酒，从本质上讲，其营养量并没有多大的差别，只有品牌或味道上的差别。所以，穿四十元一条的裙子，喝十几元或三四十元一瓶的酒，不但不能叫作吝啬，而且还是一种务实的作风。一个人美丽不美丽，高尚不高尚，不在华丽的外表，也不在于形式，而在于内心。

正确认识自己拥有的财富，任何时候都不能奢侈。或许有人认为，自己通过劳动获得的财富，就有权力用，想怎么用就怎么用，一切由自己说了算，别人谁也无权干预。这话虽然有一定的道理，但绝不是正当的理由，是站不住脚的。道理很简单，你拥有的一切金钱和财富，表面上是你通过劳动获取的，但是，你的劳动离不开他人的支持和帮助。如果没有他人的支持和帮助，你将一事无成，甚至连生存都困难。所以，虽然是属于自己的财富，但里面仍隐藏着他人的心血和汗水。进一步地说，不管富裕的人还是贫穷的人，都有节俭的义务。比如，废物利用、循环使用水资源、充分利用纸张和其他生活用品，不仅仅是为了省钱，也是以实际行动保护我们的环境，体现出的是一种高尚的思想情操，应当发扬光大。富裕了之后，依然简单生活，勤俭持家，节约资源，绝不是吝啬，而是难能可贵的美德。

乐善好施，当予即予。有人觉得乐善好施是富人的事，和我们普通百姓无关，其实不然。2013 年 4 月 22 日，乌鲁木齐慈善总会在红山体育馆设立的捐款点迎来一位特殊的捐款者，一名以乞讨为生的男子捐出了乞讨两个月所得的 1003 元。他的举动感动了现场所有人。这并不是该男子第一次捐款。2013 年 3 月 11 日，在媒体报道了 8 岁昌吉女孩欢欢患白血病的事后，他就曾给欢欢捐了 200 元。我们能说这个残疾的乞丐是富人吗？显然他不是，然而他却能做到在别人困难的时候体恤救助。这是多少富人都做不到的啊！所以，吝啬与否和我们拥有的财富多寡无关，而和我们对待他人的态度有关。

自处宜俭，处事待人又宜慷慨。若一味积聚，全不肯散，当与不与，当济不济，当用不用，辜负天生地宝，所谓守财奴究竟何尝守得？

（［清］纪大奎《敬义堂家训述录》）

纪大奎（1756—1825），字向辰，号慎斋，江西临川龙溪人。清代史学家、文学家、理学名家。纪大奎在青少年时代就非常羡慕古代名人渊博的学识，因而勤奋读书。其父纪松轩曾教他学《易》，要求非常严格，要他牢牢记住“慎独”二字，并命其将这二字作为书房之名，因而他自号“慎斋”。纪大奎还颇有政绩，乾隆五十一年（1786年），他出任山东商河县知县，之后相继任丘县、乐昌、栖霞、福山、博平等县知县。在任内，他十分关心民间疾苦，着意维护社会治安，尽力让百姓休养生息，获得全县人民的爱戴，人们都把他当作自己的亲人一样看待。他著作甚多，除《什邡县志》外，还有《观易外编》《双桂堂稿续稿》《地理国学》《笔算便览》等行世。由于纪大奎既有学问，又有政绩，为了纪念他，人们将抚州城自东门口桥下至十字街以东的街道命名为“慎斋路”，一直沿用至今。

细品《曾国藩家书》，我们会发现许多关于勤俭的论述，“尔一切以勤俭二字为主”“居家之道，惟崇俭可以长久”“愿尔等常守此俭朴之风，亦惜福之道也”等。由此不难看出，曾国藩很注重对后辈进行节俭方面的教导。然而他又说：“家中贺喜之客，请金权恭敬款接，不可简慢。”由此可以看出曾国藩和纪大奎的思想有异曲同工之处，即“自处宜俭，处事待人又宜慷慨”。

（三）和睦亲邻

何为贵？和为贵也。大至天地万物，小至亲友近邻，远到国际外交，近到待人接物，“和”都是不可或缺的。自然界的发展不可无“和”，古语云：天地和而万物生。关于亲族邻里之间的“和”，《愿体集》《袁氏世范》《张杨园训子语》《资敬堂家训》等许多家训中都曾提及。

1. 团结亲族

中华民族历来重视亲族关系。所谓亲族，就是由血缘关系发展出血亲、姻缘关系发展出姻亲的家族系统。家族中的成员以族长为首，晚辈尊重长辈、哥姐爱护弟妹，这样的亲情温暖，是在其他地方无法得到的。失去了与亲族的联系，就犹如失去了父母兄弟的孤儿一般。在一个和睦的大家庭长大的孩子，能够收获到更多的亲情，也会更加懂得爱和分享。所以，许多家训中都注重团结亲族。

在宗族，当不失宗族之心；在亲戚，当不失亲戚之心。

（［清］张履祥《训子语》）

张履祥（1611—1674），清初学者，字考夫，号念芝，号杨园。浙江桐乡人，学者称其为杨园先生。他立身端正，躬习农事，在清初诸儒中，最为淳朴正直，处于困境之时，从不忘修身养性。有《杨园全传》传世。①

张履祥认为，亲族之间应当互相帮助，而不可以不负责任。他的《训子语》说道："人有此生，当思不虚此生之意。在门内，勉任门内之事；在宗族，勉任宗族之事。不可辙起较量推卸之私心。"就是说，你既然是宗族中的一员，就应当尽宗族成员的义务，不可以动不动就推卸责任。亲族之间，难免发生一些小摩擦，应当互相宽容，互相理解，多做自我批评，若因小事而动怒，则不利于团结。正如《袁氏世范》告诫子弟"亲戚不可失欢"②。亲人之间的矛盾，往往是由一些不起眼的小事引起的，而最终却导致了亲人之间失和。其原因就在于，有了矛盾后，双方都各自有怨气，不肯向对方认错。一家人朝夕相处，共同生活，不可能没有矛盾，而有了矛盾之后，如果有一方能够主动与对方化解，那么，彼此之间的关系就会得到改善。

祖父为人一生，克勤克俭，有余则散之昆季，周恤族亲，并邻里乡党。其行事无惭衾影，心地可质神明。

（［清］王师晋《资敬堂家训》）

---

① 参见包东波《中国历代名人家训精粹》，安徽文艺出版社 2010 年版，第 262 页。

② 王若：《中国古代家训》，辽海出版社 2012 年版，第 101 页。

《资敬堂家训》认为宗族有困难应当给予周济，这样才能体现宗族之亲，才能保证宗族的发展，对个人来说也是行善积德之事。因此，我国传统家训中多从不同的角度告诫子孙要尽己之力帮助族人。姚舜牧在《药言》中说："通族之人，皆祖宗之子孙也。一有贵且贤者出，祖宗有知，必以通族之人付托之矣。间有不能养、不能教、不能婚嫁、不能殓葬，及它有患难，莫可控诉者，即当尽心力以周至之。此为人子孙承祖宗付托分内事，切不可视为泛常推诿。"① 这就是说，应当把周济族人当成向祖宗尽义务，尽量使族人团结起来，把祖业发扬光大。

2. 和睦邻里

古人说：有酒有肉敬远亲，有事有难靠近邻；远水不解近渴，远亲不救近邻。古人认为，邻居是六大亲系之一，所以又叫作邻亲。处得好的邻居，也像自己的亲人一样。自古邻帮邻的事，数不胜数。因此，有关和睦邻里的家训在中华家训史上也占有一席之地。

睦族之次，即在睦邻。邻与我相比日久，最宜亲好。

（［明］姚舜牧《药言》）

姚舜牧是明代学者，字虞佐，因仰慕唐一庵、许敬庵，自号承庵，乌程人。曾任广东新兴、江西广昌知县，爱民如子，多有美政。② 官至全州知州，享年 80 岁。他精研四书五经，为当时理学大儒。《药言》一书是他在广昌任

① 王若：《中国古代家训》，辽海出版社 2012 年版，第 102 页。

② 参见马誉国、马吉照《父母课：我国传统家庭教育经典译注大全》，安徽人民出版社 2013 年版，第 194 页。

知县时所写，原名《药训》，后人取药石之意，改为《药言》。

姚舜牧在《药言》中说道：邻里同街而居，应当友好相处。俗语早就说过：远亲不如近邻。老百姓中流传着的俗语来自对生活的切身体会，几乎没有人不理解这句话的含义，可是现实中，能够做到的却不多。楼越筑越高，人也越住越高，邻里之间疏远了很多。其实，邻里之间和睦相处是有百利而无一害的。

清代中期，有个“六尺巷”的故事。据说当朝宰相张英与一位姓叶的侍郎都是安徽桐城人。两家毗邻而居，都要起房造屋，为争地皮，发生了争执，张老夫人便修书北京，要张英出面干预。这位宰相到底见识不凡，看罢来信，立即作诗劝导老夫人：“千里家书只为墙，让他三尺又何妨？万里长城今犹在，不见当年秦始皇。”张老夫人见书明理，立即把墙主动退后三尺，叶家见此情景，深感惭愧，也马上把墙让后三尺。这样，张叶两家的院墙之间，就形成了六尺宽的巷道，成了有名的“六尺巷”。① “六尺巷”的故事告诉我们礼让、和睦是中华民族的传统美德。古代开明之士尚能如此，今天同事之间、邻里之间处理小是小非更应如此。事情就是这样：争一争，行不通；让一让，六尺巷。人人都能做到宽容谦让，我们的社会就和谐了。

富贵之家不可敬远亲，而慢近邻也。我家初穆富宅，不可轻慢近邻。酒饭宜松，礼貌宜恭。或另请一人款待宾客亦可。除不管闲事，不帮官司外，有可行方便之处，亦无吝也。

（［清］曾国藩《曾文正公家训》）

以曾国藩的地位，对乡邻之间的和睦也如此珍重，可见邻里关系的重

① 参见包东波《中国历代名人家训精粹》，安徽文艺出版社 2010 年版，第 264 页。

要。那么如何处理好这种关系呢？邻里之间，免不了你来我往，怎样做到和睦相处是我们每个人都应该留心的问题。

在与邻居交往的过程中，要重视表情和语言所起到的积极作用。与邻居相遇，不要吝惜你的微笑，一张笑脸会给大家带来一份好心情；有时间的话，别忘了再加上几句亲切的问候，或是聊点家常；邻居遇到困难，要主动伸出援手，比如送病人去医院、搬运重物、代邻居看小孩等；在你出差时，如果邻居帮你看家，回来时应带点表达谢意的小礼物。

多为邻居着想，是我们应该提倡和遵循的一种为人处世的方式。考虑到邻居的作息习惯，在清晨和夜晚，音响和电视机的音量不要开得太大；在家里举行聚会，事先跟邻居打声招呼，聚会结束的时间控制在晚上 12 点前；不将自己的物品摆放在邻居家门口或公用通道；在自己说话、办事之前，首先要站在邻居的立场想想，不要做出妨碍他人的事情。此外，学会尊重邻居的隐私，也是和睦相处的一个重要因素。切忌在背后议论邻居的私事，或者说他们的坏话，否则很容易破坏邻里之间的感情，而一旦破坏的话，就很难弥补了。天天相处的邻居，不可避免会发生一些摩擦，遇到这种情况，一定要克制自己，学会退让，不要为了一些小事而将矛盾升级。总之，我们要从日常生活中的小事做起，尽一切可能搞好邻里关系。

三、处世

所谓处世，就是与人相处交往。中国古代家训普遍重视交友的重要性，强调交友须持慎重、宽容与忍让的态度，与君子相交，而不能与小人为伍。如宋代江端友教育子孙："与人交游，宜择端雅之士，若杂交终必有悔，且久而与之俱化，终身欲为善士，不可得矣。"明朝杨继盛《杨忠愍公遗笔》中强调交友的标准："拣着老成忠厚，肯读书、肯学好的人，你就与他肝胆相交，语言必相逐，日与他相处，你自然成个好人，不入下流也。"清人张履祥《训子语》云：“至于师友，一入家门，子弟志尚，因之以变，术业因之以成。贤则数世赖之，否则害匪朝夕，不可谓非家之所由存亡也。择之又择，慎之又慎，夫岂不宜，而可随人上下乎?”① 这些家训从不同角度论述了朋友对一个人成长的重要意义及择友的标准。

(一) 谨慎择友

古人云：“近朱者赤，近墨者黑。”交友是一个十分重要的问题，会影响到一个人的一生。因此，为了子孙能够健康成长，很多家训都谈到了交友问题。

最宜审慎者一事，择交是也。独学无友，则孤陋而寡闻。

（［清］甘树椿《甘氏家训》）

《甘氏家训》由清末甘树椿撰写，包括慈孝、勉学、修身、为人处世、待人接物等方面。全文语言质朴流畅，耐人寻味。这本家训情真意切、诚挚感人，是甘树椿老人的毕生必血。甘树椿在《甘氏家训》中说道：“我家自祖父以来，专以耕读为业，不干预地方公事。愿我子弟笃守家风，专务本业，奋志读书。”即便是耕田务农也要“奋志读书”，可见甘氏一族强调读书的目的是提高人的素质和敬业精神，力图使读书的子弟践行一种学以致用的人生哲学。

墨子曰：“染于苍则苍，染于黄则黄。”荀子曰：“蓬生麻中，不扶自直；白沙在涅，与之俱黑？是故，择交不可不慎也。”所以，选择朋友应该慎之又慎。春秋战国时，著名的军事家孙膑与庞涓同窗学艺，结为至交。两人学成之后先后下山，老师暗示孙膑，庞涓心胸狭窄，不可深交，孙膑却不以为

① 包东波：《中国历代名人家训精粹》，安徽文艺出版社 2010 年版，第 205 页。

意。庞涓知道孙膑才智超过自己，心存妒忌，唯恐孙膑会威胁自己的地位，于是就起了谋害之心，暗中诬陷孙膑私通外国，并将其膝盖挖去。善良的孙膑被蒙在鼓里，在双膝膝盖被挖去的情况下，还全心全意地为庞涓默写《孙子兵法》，直到庞涓的一位家丁仗义执言，孙膑才获知真相。后来，孙膑诈疯逃出庞涓魔爪，最终报仇雪恨。孙膑因为误交了庞涓这样的恶友，虽逃脱一死，但身心还是遭受了巨大的创伤。

现实生活复杂多变，人的性格千差万别，结交上好的朋友可以患难与共，相互砥砺；而结交了不好的朋友则会被引入歧途，造成一生的痛苦。因此，古人训诫子孙在择友方面一定要慎重。清代名臣张英在《聪训斋语》中说："人生以择友为第一事。"张英在家训中还有"保家莫如交友"的训诫。曾国藩也曾说过："一生成败，皆关乎朋友之贤否，不可不慎也。"

择交是第一要事，须择志趣远大者。

（［清］曾国藩《曾国藩家书》）

在交友方面，近代史上有一位名人非常值得我们学习，他就是晚清名臣曾国藩。他深刻领悟到人生择友的重要性，多次在家训中告诫儿子，无论在生活上，还是在事业上，都要广交益友。曾国藩就有很多好友，而且，曾国藩很注重结交四种人。

一是忠义血性者。曾国藩结交江忠源便是如此。江忠源，湖南新宁举人，在北京经郭嵩焘引见，与曾国藩成了朋友。第一次交谈过后，曾国藩就对郭嵩焘说："是人必立功名于天下，然当节义死。"当时很多人不理解，可以说是众人惊疑，日后江忠源果真成为湘军的得力干将。曾国藩称赞他为"儒文侠武"，有血性、有胆识。最后，江忠源用自己的行动证明了"交友有信，与士卒同甘苦，临阵常居人先，死生患难，实可仗倚"。

二是胸有大志者。曾国藩在赴京科考途中认识了“少有志节”的刘蓉，又通过刘蓉认识了胸怀壮志的郭嵩焘，于是三人成为朋友。最后三个人均成就了事业。

三是学富五车者。刘传莹是曾国藩的好友，他专攻古文经学，精通考据，大大弥补了曾国藩在古文字上的不足；罗泽南是一个“忧所学不能拔俗，忧无术以济天下”者，曾国藩十分敬重他，常在信中表示敬慕之意。后来罗泽南带兵征战，立功名于天下。

四是品德高尚者。在曾国藩看来，“相交可知人”“习俗可染人”。由此可见，交友看似简单，其实做起来很难。曾国藩的交友原则是相交以诚、与人为善、大度宽容、胸襟坦荡，不苛求于人。这样，才能使自己的事业兴旺发达。①

（二）办事之法

人们在日常生活中要处理各种纷繁复杂的人际关系和事物，只有学会并掌握好为人处世之道，才能在人际关系中如鱼得水；反之，则举步维艰，进退两难。因此，古代家训中对办事之法做了诸多论述。

1. 谨慎办事

谨慎是一种生活的态度，是一条重要的处世之道。谨慎之人，会对事物做整体的、细节性的考虑，小心评估利弊得失，并且反复思量自己的决定和行动会造成的结果。

凡理大小事物，皆一体留心。古人所谓防微杜渐者，以事虽小而不防之，则必渐大。渐而不杜，必至于不可杜也。

（［清］康熙《庭训格言》）

---

① 参见［清］曾国藩《曾国藩家书》，东方出版社2014年版，第65页。

《庭训格言》是由清康熙皇帝爱新觉罗·玄烨（1654—1722）口述，其子雍正皇帝爱新觉罗·胤禛（1678—1735）笔述的一本训子书。共246条，包括读书、修身、为政、待人、敬老、尽孝、驭下以及日常生活中的细微琐事。因为是给他的儿子们讲的，所以很具体生动，没有什么虚饰。记得有人曾评价曾国藩与左宗棠：国藩以谨慎胜，宗棠以豪迈胜。曾国藩这个人并不聪明，然而却取得如此大的成就，确实很有值得借鉴的地方。左宗棠在曾国藩去世前一直不怎么佩服他，认为他并不聪明。曾国藩的学生李鸿章也曾说过：老师看起来很迟缓。梁启超也说：文正公固非有超群绝伦之天才，在并时诸贤杰中，称最钝拙。曾国藩也说过自己不聪明，那为什么不聪明的他做事这么成功？原因便是：曾国藩一生都很谨慎，他不像很多才思敏捷的人那样，遇到事很快就能想到办法，曾国藩做事都是三思而后行，考虑得非常周到，从不麻痹大意，虽然说并不一定就是对的，但这样做，确实避免了很多错误。

2. 善假外力

借力指的是借他人之力，如名人、亲戚、朋友、同学等的地位、名望、财富或权力等。他人有时是你接近成功或走向成功的桥梁与阶梯，尤其是那些德高望重的名人，他们的力量更能帮你走向成功。古往今来，借助于他人之力成功的事例数不胜数。

列宿腾天，助阳光之夕照；百川决地，添溟渤之资源。海月之深朗，犹假物而为大。不资众力，何以成功？

（［唐］李世民《帝范》）

李世民（599—649），即唐太宗，公元626—649年在位。在位期间推行均田制、租庸调法和府兵制度，并加强对地方官吏的考核，发展科举制度。常以“亡隋为戒”，善任用贤能，听取谏劝，唐初社会经济因此有了较大好转，被史家誉为“贞观之治”，其本人也被赞为开明君主之典范。①

李世民在《帝范》中说道：众星虽小，腾布于天空，亦可以助月未明之光。百川之水流决于地，水势虽小，也可以汇入大海。如果不借助众人的力量，怎么能够成功呢？在办事过程中善于借助他人力量的人是聪明的人。

一代天骄成吉思汗，就善于借助他人力量。铁木真当年进攻蒙古蔑乞儿部时，兵力不济，后来他联合草原雄鹰札木合，一举歼灭蔑乞儿部，等到他与札木合争雄时，又联合王罕，打败了札木合，奠定了其草原霸主的地位。在自己的力量还没有足够强大的时候，借助他人的力量，是走向成功的捷径。对于一个人来说，要获得进一步发展，更免不了借助他人的力量。

荀子在《劝学》中就说道：“假舆马者，非利足也，而致千里；假舟楫者，非能水也，而绝江河。君子生非异也，善假于物也。”借助于车马的人，不必自己跑得快，却能远行千里；借助于舟船的人，不必自己善水性，却能渡江河。君子生性与别人无异，只是因为他善于借助和利用外物，所以就不同了。这就是一种善于借助外部力量的大智慧。

现代社会越来越开放，信息传播越来越快捷，企业的规模越来越庞大，专业分工越来越细致，靠个人单枪匹马独闯天下的时代已经过去。要成功就要借助他人的力量，而不是自己一个人单打独斗。换句话说，就是要调动外界一切能为我所用的资源，从而提高我们的办事效率。

汉高祖刘邦共有八个皇子，生母不一，为了争夺太子之位而明争暗斗。刘邦有位爱姬戚夫人，她想要刘邦废除太子，改立自己的儿子如意为太子。可吕后想保住自己的儿子刘盈的太子地位，于是她找张良帮忙。张良献上一

① 参见包东波《中国历代名人家训精粹》，安徽文艺出版社2010年版，第65页。

计：“皇上一直想招聘四个隐居的贤人出山，但他们始终不肯，若将他们迎为宾客，太子常请此四人赴宴，必会被皇上看见而问其原因。”果然不出张良所料，高祖以为刘盈为人恭敬仁孝，天下名人慕名而来，终于打消了废去太子的念头。

刘盈的成功可以说是借助了四大贤人的盛名，从而保住了太子的地位。一个人的力量毕竟是有限的，要想在事业上获得成功，除了靠自己的努力奋斗之外，有时需要借助他人的力量，只有“好风凭借力”，才能“送我上青云”。把握了“借力”这一核心，就把握了关系网的精髓。一个人想要顺顺当当把事情办好，除了靠自己的努力外，有时还要借助他人的力量。

俗话说：“一个篱笆三个桩，一个好汉三个帮。”不懂得或不善于利用他人力量，光靠单枪匹马闯天下，在现代社会里是很难大有作为的。

3. 方圆之道

在为人处世上，中国人信奉“做事要方，做人要圆”的人生哲学。“方”不是呆板，“方”中有“圆”，是以不变应万变；“圆”不是奸猾，“圆”中有“方”，是以万变应不变。“方”是做人的脊梁，“圆”是处事的锦囊。

人要方得、圆得，而方圆中却又有时宜。棱角峭厉非方也，和光同尘非圆也，而固执不通非易也，要认得明白。

（［明］姚舜牧《药言》）

水无常形，水能够根据客观环境的变化而改变自己的形态，以适应不同的环境。如水在杯里即为杯形，在盘中即为盘形，在葫芦里即为葫芦形。因此，圣人做事亦应像水那样，在不同的客观环境里，做到“随圆就方”，达到方圆有致的人生境界。如果只有“方”而无“圆”，那就必然会处处碰壁，一事无成；只有“圆”而无“方”，成为圆滑的墙头草，也会一事无成。这就是老子“圣人方而不割”的辩证法思想。圣人虽方正无私，但能够与世推移，融通而不圆滑，这是“大方无隅”的人生艺术。

所谓“做事要方”，是说做事要遵循规则或规矩。俗话说：“没有规矩，不成方圆。”如诚信是做人的基本法则，遵之，为商则必成功；违之，行欺诈，玩伎俩，失信于人，则必败。

但是，在执法时也应“通人性”“合人情”，做到方中有圆。据《汉书·吴佑传》记载，“安丘男子毋丘长与母俱行市，道遇醉客辱其母，长杀之而亡”，安丘官员追至胶东将其抓捕归案。如何法办呢？吴佑认为，从孝道角度，“子母见辱，人情所耻”，但是“背亲逞怒，白日杀人，赦若非义”，必须按国法处以死刑。在“法”与“情”的两难之中，吴佑在执行死刑的同时也采取了一种为其“留后”的方法。吴佑问毋丘长“有妻子乎？”对曰：“有妻未有子也。”于是将其妻带至监狱，“解其桎梏，使同宿狱中，妻遂怀孕。丘冬至尽行刑”。达到了“法”与“情”的圆通境界。

所谓“做人要圆”，绝非是圆滑世故、八面玲珑的世俗心态，而是一种宽容、善良、圆通的人生境界。在做人上，既不咄咄逼人，也不盛气凌人；既不随波逐流，也不强加于人；既有原则性，也有灵活性。这才是压力最小、张力最大的人生大智慧。

人贵在懂得方圆之道，宜方则方，宜圆则圆。内方外圆之人必然有坚忍的精神，有承让的胸怀，有“糊涂”的智慧。人生一世只要运用“方圆”之道，无论前进还是后退，都能泰然处之。

4. 处己接物

处己接物是一门艺术，也是我们需要用一生去学习的学问。南怀瑾先生的第三子南一鹏先生说过：“有再好的知识和技艺，不懂得为人处事，是不会成功的。待人接物才是家教里最重要的一件事。”中华家训中也不乏处己接物方面的指点和教育。

处己接物而常带慢心、伪心、妒心、疑心者，皆自取辱于人，盛德君子所不为也。

（［南宋］袁采《袁氏世范》）

袁采分析了处世中常常出现的各种不正常的心理表现。怠慢之心、虚伪之心、嫉妒之心和怀疑之心都是待人接物的不健康心态，这四种心态都应该戒除。

(1) 关于慢心

有人问一位企业家成功的秘诀是什么？他说："要想进入一扇门，就必须让自己的头比门框更低；要想受到别人的尊重，就必须先去尊重别人。""爱人者，人恒爱之，敬人者，人恒敬之。"与人交往，和人相处，只有态度诚恳，谦恭内敛，懂得在每一个细微之处尊重他人，才能获得对方的尊重和欣赏。

有这样一个故事：有一家知名房地产公司，他们打算收购一块地修建商场。一开始，进展十分顺利，大部分的地都买到产权，但是在关键地段有一户人家却怎么也不愿卖出自己的房子。那座房子的主人是一位寡居的老妇人。尽管公司开出的收购价格很高，但她仍不为所动，公司多次派人和她商谈，她还是不答应。由于房子位于该区域的中心位置，即使修改规划也无法绕过，这个项目因此陷入了僵局。公司很头疼，老妇人也不堪其扰。一个冬天的傍晚，天上飘着雪，非常冷，老妇人外出买完东西后，专程绕道来这家公司总部，想告诉他们房子是无论如何也不会卖的。来到公司门口，一位年轻的女服务生打开门，微笑着迎她进来，接过她带的伞和包，然后拿出一双棉拖鞋，蹲下来给她换上，这才领她到接待处坐下来。过了一会儿，那个女服务生又走过来递给她一个热手的小暖炉，笑着说："天太冷了，您拿着暖暖手吧。”老妇人的心，在温暖的屋子里被这个女孩子脸上的微笑融化了。看着脚上那双厚厚的棉拖鞋、手中握着的暖炉，她改变主意了。这时候经理出来了，连忙招呼老妇人进办公室，老人家摆摆手，没说什么就离开了，留下了莫名其妙的经理。第二天，这位经理忽然接到老妇人的电话，说她愿意把房子卖掉。对公司来说，这可是莫大的喜讯，他们赶忙来到她家，生怕她改变主意。签好合约后，经理忍不住问道：“请问是什么令您改变了主意？我们几乎要放弃了。”老妇人回答说：“我和老伴在这里住了几十年，前几年他走了，这个屋子有我们一辈子的回忆，我实在是舍不得离开。昨天去你们公司，门口那个女孩子替我换拖鞋时，笑得那么温暖，还想到给我暖炉暖手，她没有因为我是个顽固的老家伙而怠慢。我很感动。有这么好的员工，我想你们公司应该可以建一栋漂亮的大楼，给更多的人提供方便吧！”经理这才恍然大悟。后来，他不仅赞扬了那位女孩子，还把这个案例在全公司推广。高价没有打动老妇人，一个小职员的温暖举动，反而让她改变主意。渴望尊重是每一个人的需要。

所以，我们要一视同仁对待身边每一个人，给予对方足够的尊重与重视，自然也会赢得别人的尊重，做起事情来功到自然成。

(2) 关于伪心

关于去除伪心，其实就是要求我们去伪存真，真诚待人。孔子说：“己所不欲，勿施于人。”孟子说：“爱人者人恒爱之，敬人者人恒敬之。”老百姓说：“你敬我一尺，我敬你一丈。”

每个人都希望别人真诚相待，要想别人真诚待你，你就应当先主动真诚地对待别人。你怎样待人，别人也会怎样待你。你与人为善、真诚待人，别人通常也会反过来如此待你。有的人对真诚待人抱怀疑或否定态度，理由是：我真诚待人，人若不真诚待我，那我岂不是很吃亏吗？不能否认，生活中有这样的人：虚伪、狡诈、阴险，一肚子小心眼，玩弄他人的真诚，戏弄他人的善良，以怨报德、以恶报善。但是，这种人在生活中毕竟是极少数，当他们的嘴脸充分暴露后，必将被众人指责和唾弃。

因此，当我们的善良和真诚被心怀叵测的人愚弄之后，吃亏更多、损失更大的并不是自己，而是对方。伤人的人在承受你愤恨的同时，还要承受他人的蔑视以及被群体排斥的孤独。与人相处中付出的十分真诚得到了八九分的回馈，自然是情有所值，利大于弊。有的人怕真诚待人吃亏上当，因此想别人先真诚待己。你真诚待了我，我再真诚待你，这是被动为善的人际关系态度。如果人人都这样想，人人都不肯首先付出，那这个世界上还能找到真诚吗?

人是一个高级生物群，社会是一个利益共同体，谁都不可能离开社会而孤独地存在。生物学反复证明过一个真理：只有互助性强的生物群才能繁衍生息。人们都非常向往陶渊明描绘的桃花源，因为那里温馨和谐，而营造出温馨和谐的人际关系氛围，需要你付出努力。

真诚待人的结果是双赢。深刻的道理，往往是简单的；而简单的道理，真正做到却很不简单。

(3) 关于妒心

嫉妒是一种低劣的情感，是交往的大敌。它可使亲人、朋友、同事间感情破裂，关系紧张。长期的嫉妒还可造成身心疾病。

嫉妒是一种不健康但又常见的现象，在心理学中属于情感的范畴。从个性特征来看，嫉妒心重者往往好胜心强，自制力差，心胸较狭窄，注重个人得失，不够关心别人。

三国时期，东吴名将周瑜，年轻有为，才华横溢，但是为人心胸狭窄。当他看到诸葛亮的才学在自己之上时，愤愤然地怨恨苍天：“既生瑜，何生亮!”他不能容忍一个比他更强的人！为了满足自己“天下第一”的虚荣心，他几次想把诸葛亮害死，甚至不顾国家的安危！这就是嫉妒的危害，它腐蚀人的心灵，玷污人的灵魂，使人的道德低下，从而使很多人像周瑜一样，陷入泥潭无法自拔。

因此，妒忌者首先应该改变气量狭窄的个性，要宽容忍让。妒忌既无益于自己的进步和身心健康，又给别人增加了压力，妨碍了他人的进步。妒忌者遇到挫折和困难时，关键是要树立信心，不要用妒忌别人来发泄自己，而应反省自己的不足之处，这样才能在今后的工作中吸取教训，创造出优良成绩。

人生是条路，漫长而曲折。一味恶劣地攻击别人除了让自己变得更加恶毒之外，什么也没有改变，没有让自己更优秀，没有让别人对你“甘拜下风”。如果我们都能以平常心对待别人，把嫉妒变成自己向上的动力，进而化作前进的动力，那又何尝不是一件幸事？与其嫉妒，不如欣赏，别让嫉妒遮住心灵。

(4) 关于疑心

信任的反面便是怀疑。人活在世上需要信任别人，如果不信任别人，便无法对人诚恳。要想受人爱戴，就得先信任人。心理分析专家佛洛姆说，“不常信任别人的人，也就不常爱人”。

另一方面，如果和信任我们的人相处，我们就会放心自在。心理学家欧弗斯屈脱说：“我们不但可以维护别人，而且在许多方面也影响别人。”

有这样一个故事，一位监狱长的太太差不多每天都到监狱里去。犯人运动的时候，她的孩子往往和他们一起玩。人家叫她提防一些，她说她并不担心。因为她对犯人这样信任，她去世的时候，消息立即传遍了监狱，犯人们都聚集在大门口。看守长看见那些犯人默默不语难过的样子，便把狱门敞开。从早到晚，这些人排队到停放遗体的地方去行礼。他们的四周并无墙壁，但是犯人们没有一个辜负狱方好意，他们最后仍旧回到监狱里。这无非是犯人对这位太太表示的敬爱，因为她在世时曾经信任他们。

人与人相处融洽，全靠信任。老师要是能使后进的学生相信她对他们心怀好意，那么她的教育就差不多成功了。精神病学专家要花费大量时间劝神经错乱的病人信任他们，然后才能够着手治疗。人与人之间彼此信任，个人的日子才不至于过得一团糟。可见信任是多么重要！

5. 逆顺皆宜

人生在世，无非有两种状态，即跌宕与平淡。有孟子的“天将降大任于斯人也”的积极进取，也有陶渊明“采菊东篱下，悠然见南山”的自得其乐。既然是起起落落，必有顺境与逆境交替。古人常讲：“胜不骄，败不馁。”身处顺境时，我们需要保持初心不去放纵；而身处逆境时，我们则要勇敢面对，不被挫折轻易击倒。

人之境遇无论如何，总要胸中超然，有悠游自得之趣。

（［清］甘树椿《甘氏家训》）

逆境和顺境是每一个人都回避不了的人生问题，只是各人所遇到的程度不同罢了，能很好地处理这个问题的人，必然会有较好的收获。

有时候，把我们推上领奖台的恰恰是我们的敌人。有位运动员从小就接受着近乎残酷的训练，为了生存，他不得不拼命向前奔跑；为了生存，他不得不拿出超人的勇气跨越脚下的土丘与沟壑；为了生存，他不得不学会超越自我。

自古英雄多磨难，孟子曰：“故天将降大任于斯人也，必先苦其心志，劳其筋骨，饿其体肤，空乏其身，行拂乱其所为，所以动心忍性，曾益其所不能。”司马迁说：“文王拘而演《周易》；仲尼厄而作《春秋》；屈原放逐，乃赋《离骚》；左丘失明，厥有《国语》；孙子膑脚，《兵法》修列；不韦迁蜀，世传《吕览》；韩非囚秦，《说难》《孤愤》；《诗》三百篇，大底圣贤发愤之所为作也。”

磨难，对于弱者来说是前进路上的绊脚石，而对于强者来说，往往却是帮助他登上成功殿堂的基石。勇敢迎接前进道路上的困难吧，或许它会把你打造成一个万人瞩目的英雄。

顺境与逆境相比，优势是占有资本，可以让个人的才能得到自由充分的发展。顺境可以快速成就一个人，让这个人直抵成功。当人身处顺境的时候，首先要把它当作对自己的肯定，给自己树立自信心，切忌骄傲，并把这种良好的状态一直保持下去，同时给自己树立更高的目标，不要止步不前。

当人身处逆境时，不要灰心，要把逆境转化为成功的动力，用它来激励自己，并找出自己的不足以及与别人之间的差距。知道自己的不足是很重要的，因为只有知道自己的不足，才能有针对性地克服与提高，在痛苦和逆境中磨炼自己，使自己成为一个经得起考验，勇于面对逆境的人。

四、为学

中国人素以勤学苦读著称，传统家训中有许多教子读书、为学明理、立德成人的训诫。曾国藩在《曾国藩家书》中，不望“代代得富贵”，但愿“代代有秀才”，希望子孙做读书明理的君子，能“勤俭自持，习劳习苦”。清康熙帝在《庭训格言》中教导诸皇子：“凡人进德修业，事事从读书起”，强调读书乃进德修业、立身处事之要道。宋代陆游以诗教子：“人人本性初何欠，字字微言要力行”“学贵身行道，儒当世守经”“纸上得来终觉浅，绝知此事要躬行”，教导儿子要把读书和躬行结合起来。曾国藩还指出读书之法，“看、读、写、作，四者每日不可缺一”。这些训导子孙要勤学苦读的例子，不胜枚举，可以看出古人对为学的重视。

（一）为学之因

读书，是一种熏陶。与先贤神交，向宿儒求教，拜大师博学，崇硕德扩境。读书，是一种靠近。近道者德，近规者范，近智者慧，近文者雅，近仁者义，近圣者贤。读书，是一种享受。咀嚼人文之味，情趣之味，德行之味，性致之味。为什么读书，便成了历来家训探讨的主题之一。

1. 不学无以修身

人欲修身养性，就必须读书明理。正如古人所言："夫学，身之砥砺也。"自古以来，凡好读书者皆得益于书。历史上素有明君之誉的李世民，他的经邦济世之韬略，无不与其嗜书成癖有关；开国领袖毛泽东从小就为"改造中国与世界"而读书；革命先行者孙中山也"面破壁读十年书"。他们之所以能达到博学广才的境界，无不是他们读书修身、见贤思齐的结果。

> 不学诗，无以言。不学礼，无以立。
>
> （［春秋］孔子《论语》）

这两句来源于孔子和其子孔鲤的故事，也就是后人所熟知的"庭训"。有一天孔子站在庭院里，他的儿子孔鲤"趋而过庭"。什么叫"趋"呢?"趋"就是小步快走，是表示恭敬的动作。那么孔鲤看见父亲孔子站在庭院里面，于是低着头"趋"，孔子说："站住，学诗了吗?""没有。""不学诗何以言（不学诗你怎么能正确地说话）?""是"，"退而学诗。"又一天，孔子又站在庭院里，孔鲤又"趋而过庭"，孔子说："站住，学礼了吗?""还没有。""不学礼，何以立?""是"，"退而学礼。"

2. 读书改变气质

苏东坡说："腹有诗书气自华。"三毛也曾说："读书多了，容颜自然改变。"的确，一个人的气质、智慧和修养，往往跟长期、大量地读书是分不开的。山有玉则石润，一个人长久读书，含英咀华，气质自然得到提升。

人之气质，由于天生，本难改变，唯读书可以变其气质。

（［清］曾国藩《曾文正公家书》）

读书改变气质，古代已有此论。宋代诗人、书法家黄庭坚曾说：“士大夫三日不读书，则义理不交于胸中，对镜觉面目可憎，向人则语言无味。”宋代书法家米芾也说：“一日不读书，便觉思涩。想古人未尝片时废书也。”

书是充实精神的食粮，是净化心灵的甘霖，是医治愚顽的良药。读书能影响人的心灵，而气质是心灵的外化。读书能增补感知的不足，使人超越时空的界限，与古今中外的哲人、智者倾心交流，感受世界的博大无穷和人生的丰富多彩。读书，能使无知者远离浅薄，使狭隘者变得宽厚，使自负者变得谦虚，使浮躁者变得深沉，使沉郁者变得热情，使懦弱者变得刚毅，使悍暴者收敛粗蛮，使粗俗者学习儒雅，使慵懒者变得进取，使幼稚者走向成熟，在不知不觉中激发人的善性，美化人的心灵，从而优化人的气质。

读书的过程，就是再造生命的过程。有这样一句谚语：“人如其所读。”读书学习，是完善自我的关键所在。只有不断地读书学习才能弥补自身的不足，才能使自己丰富和深刻起来。当一个人专注于读书，读过很多好书之后，自身的气质就会潜移默化地发生改变：目光变得更加清澈有神，面庞更加柔和宜人，举止也更加优雅得体。这种气质美比起外表美来要耐看得多，正如伏尔泰所说：“美只愉悦眼睛，而气质使灵魂入迷。”

读书可以去俗气。读书让人充实，让人优雅，让人多一份书卷气，让人拥有一种神采与光芒，这是那些“俗气”之人可望而不可即的。乾隆皇帝曾有一段精彩的论述：“至于‘书气’二字，尤为宝贵，果能读书，沉浸酝酿而有书气，更集义以充之，便是浩然之气。人无书气，即为粗俗气、市井气。”一个男人若想气宇轩昂、目光高远、思维敏捷，就必须长期坚持读书；

一个女人若想秀外慧中、举止高雅、风韵长存，不读书也是做不到的。①

当然，读书改变气质，并不是一朝一夕的事，也不是买几本书做做样子，或者随便读几本流行小说便能立竿见影的。读书，应当是一种耐得住寂寞的习惯，是一种坚持不懈的学习积累，是一个长期修炼的过程。只有把读书当成工作的补充，当成生活的一部分，当成与吃饭睡觉一样的需要，才能真正澄澈自己的心灵，升华思想境界，从而提升自己的气质。

3. 不学无以治平

20个世纪20年代，梁启超先生曾为大学生开出包括《论语》《孟子》《老子》《庄子》《易经》等必读中国书目数十部，并谆谆告诫："以上各书，皆须一读。若并此未读，真不能认为中国学人矣。"可见，书籍是滋养一个人德性与才情的源头活水。犀利的思维、诗意的灵感、原创性的发明，从读书开始，修身齐家治国平天下的人生理想亦从读书开始。

学者，心之白日也。不知好学，即好仁、好知、好信、好直、好勇、好刚，亦皆有蔽也。况于他好乎？做到老，学到老，此心自光明正大，过人远矣。

（［明］姚舜牧《药言》）

姚舜牧在《药言》中说道："学习，就像是人心中的太阳。如果一个人不爱学习，即使他心怀仁、义、礼、智、信，他仍然是一个有缺陷的人。反之，如果人能够做到勤奋学习，则心中自然有正气，这才是成大事的境界。"治国平天下需要这种大境界和大胸襟。

---

① 参见张宏杰、吴久民《曾国藩读书与做人》，国际文化出版公司2013年版，第89页。

（二）为学之本

中华民族几千年的文明离不开书籍的灌溉和滋养，书山有路，学海无涯，面对绵绵书山和浩瀚学海，我们该如何有选择地学习呢？从华夏文明的发展史可以看出，以史为鉴的历史智慧是我们这个民族尤其强调的。但仅仅通晓历史是不够的，哲学是人生思维过程最高的统帅，可以给我们的思路带来整体的启示，可以明心，是一种处人为事的智慧。人若想立足于当今社会，必须要掌握一技之长，由此可见，学习不仅要“博”，更要“专”。对于以上问题，历代家训都进行了诸多论述。

1. 以史为鉴

唐太宗李世民曾说：“以铜为鉴，可以正衣冠；以人为鉴，可以知得失；以史为鉴，可以知兴替。”苏东坡在《与子弟书》中教育子女说：“多读史书，为益不少。”曾国藩在其家书中也屡屡提醒子女：“学问之道，能读经史者为根柢。”由此可见以史为鉴的价值与意义。

为学何如？想不免趋时。然亦须多读书史，务令文字华实相副，期于适用乃佳。多读史书，为益不少。

（［北宋］苏轼《与弟子书》）

在人类数千年的文明历程中，繁荣或衰败，战争或和平，繁衍或灭亡，多少来去匆匆的人，多少幻灯片般一页页翻过的事件，堆砌成这荡气回肠的历史。从传说中的三皇五帝，到离我们最近的清十二帝，多少帝王或各领风骚，或庸碌无为，或自取灭亡；从百家争鸣的先秦思想，到明清时期的文字狱和八股文，多少思想文化或自由地迸发，或被无情地禁锢；从群雄割据的春秋战国时代，到一统天下的唐宋明清，多少朝代或辉煌，或沉沦。

在这历史的舞台上，同样的故事总是在不断地重复着，但并不是简单的重复。通过历史这面镜子，我们从中领悟到深刻的人生哲理和事物规律。历史，是人生不可或缺的一课。

2. 哲学为基

哲学是一门给人以方法论、人生观、价值观、世界观的学科，学习哲学可以建立自己的独特信仰，实现自己的人生价值。哲学是人生思维过程中最高的统帅，可以给我们的思路带来整体的启示。翻看中华家训，我们不难捕捉到哲学的影子。

> 今人颜貌同于目际，犹不自瞻，况是非在于无形，奚能自睹？何则饰其容者，皆解窥于明镜，修其德者，不知访于哲人。讵自庸愚，何迷之甚！
>
> （［唐］李世民《帝范》）

《帝范》是唐太宗对太子李治最后的遗言和嘱托，这也体现了唐太宗的良苦用心。他一生统治天下的经验都留在了这部《帝范》里，这部《帝范》是唐太宗留给唐朝后代皇帝的私家宝典！

李世民在《帝范》中讲道："一个人的容颜相貌就长在眼睛的附近，人还无法自己审视自己，何况是非得失这种无形的东西，怎么能够轻易觉察呢？人们在修饰打扮自己的容颜的时候，都懂得去照镜子。但在修养自己的德行的时候，就不懂得去向明道的哲人请教。这是何等的愚蠢和迷惑啊！"为什么要向哲人请教呢？正如南京师范大学的郦波教授所说："哲人的本质就是对人类共同命运的思考和担当。"① 当一个人有了对人类共同命运的思考和担当之后，就会跳出个人的小境界，从而拥有大境界。由此可见学习哲学

---

① ［唐］李世民：《帝范》，中华书局出版社 1985 年版，第 121 页。

是何等重要。

3. 专业为主

《劝学》中有言："蚓无爪牙之利，筋骨之强，上食埃土，下饮黄泉，用心一也。蟹六跪而二螯，非蛇鳝之穴无可寄托者，用心躁也。"可见专一之重要。所谓学贯中西，所谓博采众长，其知识体系必须是以专为主的有机结合。

人须有恒业，无恒业之人，始于丧其本心，终至丧其身。

（［清］张履祥《训子语》）

张履祥在《训子语》中说，如果喜欢一种东西，就要把它一直学下去，直到学成专业，只有这样，我们才有安身立命之本。梁启超在《为学与做人》中曾说："有点常识还不够，我们做人，总要各有一件专门职业。"他认为，除了有常识之外，还应该学一些专门的知识，专精结合并拥有常识，做人才能不惑。① 宋代的程颐在《文集》卷八中曾说："古人之学贵专，不以泛滥为贤。"由此可见，学习不能像蜻蜓点水，雨露均沾，如果漫无目的地学习，则看似忙碌却没有什么专长，更谈不上有渊博的知识。

在现在的教育中，有些家长想让孩子尽可能多地学习各项技能，比如给孩子报各种兴趣班，试图让孩子成为一个多才多艺的人，但结果大多是走马观花。其实家长首先要做的就是确定好孩子的专长，然后再围绕专长拓展孩子的知识。一个人的精力有限，但是知识无穷，切莫"贪多嚼不烂"。我们知道，国学大师陈寅恪先生和科学巨匠居里夫人在知识上都很渊博，但他们的博在内容上完全不同，这正是因为他们的专长不同。只有以专为主，兼收

---

①　参见潘艳红《梁启超谈教育》，新世界出版社 2014 年版，第 86 页。

并蓄，才能成长为参天大树。

(三) 为学之法

读书可以明礼，可以增长见识，但读书的方法正确与否，该如何去读，也是学业能否成功的一个十分重要的方面。因此许多家训对读书方法都有所论述，有的是宏观的指导，有的则十分详尽。

1. 实践出真知

人非生而知之，要求得知识，一靠学习，二靠实践，离开了实践，学习也就成了无源之水、无本之木。懂得书本知识，有了理论，但如果不付诸实践，理论也就成了装潢门面的东西。因此，诸多家训强调了实践的重要性。

私欲去而聪明始开，致知故先格物；念头好而是非明，实践乃为诚意。

（［清］刘沅《豫诚常家训》）

“私欲去而聪明始开，致知故先格物；念头好而是非明，实践乃为诚意”的意思是：去掉自私自利的思想，才能有真正的聪明。也就是说，要求得真正的知识，必须先去掉私心。没有私心，思想好了，就能明辨是非。而实践圣人的教诲，就是纯洁自己思想的方法。由此可见实践的重要性。

古人学问无遗力，少壮工夫老始成。纸上得来终觉浅，绝知此事要躬行。

（［南宋］陆游《冬夜读书示子聿》）

陆游（1125—1210），字务观，号放翁。汉族，越州山阴（今浙江绍兴）人。南宋诗人。少年时即受家庭中爱国思想熏陶，高宗时应礼部试，为秦桧所黜。孝宗时赐进士出身。中年入蜀，投身军旅生活，官至宝章阁待制。晚年退居家乡，但收复中原信念始终不渝。著有《剑南诗稿》《渭南文集》《南唐书》《老学庵笔记》等。陆游有七子，其《放翁家训》是古代家训中的经典之作。

这是陆游的一首教子诗，作于宁宗庆元五年（1199年）底。子聿是陆游最小的儿子。诗人就知识的获取从两方面谈了自己的看法：一是要花气力，一是"要躬行"。诗中表达的思想不仅是冬夜读书的体会，更是诗人勤奋学习的经验总结。

诗的第一句讲的是古人做学问总是竭尽全力。只有少年时加倍努力，将来才能成就一番事业。其中"无遗力"三个字，形容古人做学问勤奋用功、孜孜不倦的程度，既生动又形象。第二句阐述了做学问应当持之以恒的道理，同时也强调了"少壮工夫"的重要性。他语重心长地告诫儿子，趁着年少精力旺盛，抓住美好时光奋力拼搏，莫让青春年华白白耗费。

诗的后两句，作者认为从书本上得来的知识比较浅薄，只有经过亲身实践，才能变成自己的东西。"要躬行"包含两层意思：一是学习过程中要"躬行"，力求做到"口到、手到、嘴到"，这是学者的一种"躬行"；二是获取知识后还要"躬行"，通过亲身实践化为己有，转为己用。作者的意图非常明显，旨在激励儿子不要片面满足于书本知识，而应在实践中夯实并进一步获得升华。他的独到见解，不仅在古代，对做学问、求知识之人是宝贵的经验教训，即使在日新月异的现代，仍具有较强的启迪和借鉴意义。

2. 目标要高定

一个人追求的目标越高，他的才力就发展得越快，对社会就越有益。远大的目标对于一个人的成长和成功非常重要。中华家训中自然也不会缺少对于高定目标的阐述。

取法于上，仅得为中；取法于中，故为其下。

（［唐］李世民《帝范》）

唐太宗李世民曾经这样告诉太子：“饬躬阐政之道，皆在其中，朕一旦不讳（死亡的婉辞），更无所言。”在《帝范》中，唐太宗对为政者的个人修养、选任和统御下属的学问，乃至经济民生、教育军事等都做出了颇有见地的论述。这句话意为：以上等作为准则来效法，只能得到中等的效果；以中等作为准则来效法，只能得到下等的效果。南宋诗论家严羽在《沧浪诗话》中也有类似的阐述：“学其上，仅得其中；学其中，斯为下矣。”

有句话说得好：性格决定命运，气度影响格局。眼界有多高，就能看多远。这话好说不好做，因为性格和气度说到底都是一种习惯，贯穿于人的衣食住行和举手投足，习惯是很难改变的。我们能做的就是把目标定得高一些，较高的目标可以激发自身潜能。由此可见，无论立事还是治学，一定要放宽视野，高定目标，这样才能取得令人满意的效果。

3. 学习重在勤

韩愈说过这样一句话：“业精于勤荒于嬉，行成于思毁于随。”天才就是无止境刻苦勤奋的努力。成绩优与良，才思浓与淡，都是由勤奋决定的。勤奋是获得成功的法宝，勤奋是通向成功的阶梯，勤奋是一个人成才的保障。

自古明王圣帝，犹须勤学，况凡庶乎？

（［北齐］颜之推《颜氏家训》）

颜之推是南北朝时期我国著名的教育家、文学家，是当时最博通、最有思想的学者。他历经南北两朝，深知南北政治、俗尚的弊病，洞悉南学北学的短长。《颜氏家训》是他对自己一生有关立身、处世、为学经验的总结，被后人誉为家教典范，影响很大。他在《颜氏家训·勉学》中的第一句就说道：自古明王圣帝，犹须勤学，况凡庶乎？意思是：从古以来的贤王圣帝，还需要勤奋学习，何况是普通百姓呢？由此可见勤学的重要性。

日间思索有疑，用册子随手札记，候见质问，不得放过。所闻诲语，归安下处，思省切要之言，逐日札记。

（［南宋］朱熹《与长子受之》）

朱熹（1130—1200）是我国南宋时期著名的思想家、哲学家、教育家。他虽然在朝廷也做过大小不等的官，但其主要成就皆在教育上。他从事教育五十余年，为我国古代教育事业的发展做出过重要贡献。尤其在家教方面，他给我们留下了不少宝贵的经验。他在写给长子受之的《与长子受之》中，强调“学习”和“交友”这两点。他告诫儿子学习上要“勤”。其方法是：一“记”，读书“日间思索有疑，用册子随手札记”；二“问”，“候见质问，不得放过”，即读书的时候，碰到疑难问题，要随时用小本子记下来，等待向老师求教，不能放过；三“思”，平日读书要多思考，请教老师或他人之后，仍要“思省切要之言，逐日札记”。

勤奋是我们一直推举的学习方法。古人云：书山有路勤为径，学海无涯苦作舟。陈毅元帅在《示儿女》这首诗中也谈道：应知学问难，在乎点滴勤。然而说到容易做到不易，尤其是在我们工作繁忙时，就会放松了学习。所以我们要学习雷锋“挤牙膏”的精神，用零星时间来学习。关键是养成习惯，持之以恒，时间长了，则积少成多，汇流成河。

第三节　名门家训

一、钱氏家族

无锡鸿山钱氏（原籍浙水），先祖吴越王钱镠。钱其琛、钱正英、钱学森、钱伟长、钱玄同、钱三强、钱基博、钱锺书、钱复、钱穆、钱逊，以及2008年诺贝尔化学奖得主华裔科学家钱永健，都是钱氏后裔。

30多世，仅遍布海内外的科学院院士就有100多人。有评论称，钱氏家族千年兴盛的原因是其家族重视传统教育，而《钱氏家训》所起的作用尤为重要。

钱镠（852—932），字具美，杭州临安人，五代十国时期吴越国创建者。钱镠在唐末乱世跟随董昌保境安民维护一方平安，后逐渐占据两浙十三州，先后被中原王朝封为越王、吴王、吴越王。钱镠在位四十一年，庙号太祖，谥号武肃王，葬钱王陵。钱镠安民的国策提升了吴越经济文化实力，使吴越国成为“地方千里，带甲十万，铸山煮海，象犀珠玉之富甲于天下”之地，“邑屋之繁会，江山之雕丽，实江南之胜概也”。钱镠治国有略，修身治家也十分谨严，曾订立治家“八训”“十训”。“十训”即钱镠临终前向子孙们提出的十条要求。这个“武肃王遗训”代代相传，世世因循，一直激励着钱氏后人。

钱氏后人秉承祖训，绍续家风，绵延文脉，造就了吴越钱氏一门世代家风谨严、人才兴盛的传奇。这个家族始终书香绵延，代有人才涌现。宋朝皇帝称“忠孝盛大唯钱氏一族”。清乾隆帝也感佩其家族教子有道，在南巡时御赐“清芬世守”匾额。到了近代，钱氏家族更是人才“井喷”，文坛硕儒、科技巨擘云集，海内外“院士”子弟数以百计，因而吴越钱氏家族被公认为

“千年名门望族，两浙第一世家”。

钱氏家规由“武肃王八训”“武肃王遗训”和《钱氏家训》三部分组成。“武肃王八训”是武肃王钱镠于乾化二年（912年）亲自订立。家训以晋代以来大族衰亡为鉴，“上承祖祢之泽，下广子孙之传”。而现在半白半文版《钱氏家训》，是清末举人钱文选编辑整理过的。《钱氏家训》是一部饱含修身处世智慧的治家宝典。《家训》分个人、家庭、社会、国家四个篇章，思想植根深厚，内容博大精深，是钱氏家族的珍贵历史遗产，也是钱氏家族人才辈出的传家宝。

个　人　篇

心术不可得罪于天地，言行皆当无愧于圣贤。曾子之三省勿忘，程子之四箴宜佩。持躬不可不谨严，临财不可不廉介，处事不可不决断，存心不可不宽厚。尽前行者地步窄，向后看者眼界宽。花繁柳密处拨得开，方见手段；风狂雨骤时立得定，才是脚跟。能改过则天地不怒，能安分则鬼神无权。读经传则根柢深，看史鉴则议论伟。能文章则称述多，蓄道德则福报厚。

【译文】

存心谋事不能违背规律和正义，言行举止都应不愧对圣贤教诲。曾子“一日三省”的教诲不要忘记，程子用以自警的“四箴”应当珍存。要求自己不能不谨慎严格，面对财物不能不清廉耿介，处理事务不能没有魄力，起心动念必须要宽容厚道。只知往前走的处境会越来越狭窄，懂得回头看的见识会越来越宽。花从密布柳枝繁杂的地方能够开辟出道路，才显示出本领；狂风大作暴雨肆虐的时候能够站立得住，才算是立定了脚跟。能够改正过错天地就不再生气，能够安守本分鬼神也无可奈何。熟读古书才会根基深厚，了解历史才能谈吐不凡。擅长写作才能有丰富的著作，蓄养道德才能有大的福报。

品鉴：个人篇认为人是天地之间的产物，每个人的内心都要堂堂正正无愧于天地，言行举止要符合圣贤的标准。曾子曰：“吾日三省吾身——为人谋而不忠乎？与朋友交而不信乎？传不习乎？”《四箴》是宋代大儒程颐的自警之作。孔子曾对颜渊谈克己复礼，说：“非礼勿视，非礼勿听，非礼勿言，非礼勿动。”程颐撰文阐发孔子四句箴言以自警，分“视、听、言、动”四则。

家 庭 篇

欲造优美之家庭，须立良好之规则。内外门闾整洁，尊卑次序谨严。父母伯叔孝敬欢愉。妯娌弟兄和睦友爱。祖宗虽远，祭祀宜诚。子孙虽愚，诗书须读。娶媳求淑女，勿计妆奁。嫁女择佳婿，勿慕富贵。家富提携宗族，置义塾与公田，岁饥赈济亲朋，筹仁浆与义粟。勤俭为本，自必丰亨，忠厚传家，乃能长久。

【译文】

想要营造幸福美好的家庭，必须树立适当妥善的规矩。里里外外的街道房屋要整齐干净，长幼之间的顺序伦理要谨慎严格。对父母叔伯要孝敬承欢，对妯娌兄弟要和睦友爱。祖先虽然年代久远，祭祀也应该虔诚；子孙即便头脑愚笨，也必须读书学习。娶媳妇要找品德美好的女子，不要贪图嫁妆；嫁姑娘要选才德出众的女婿，不要贪慕富贵。家庭富足时要帮助家族中人，设立免费的学校和共有的田地；年景饥荒时要救济亲戚朋友，筹备施舍的钱米。把勤劳节俭当作根本，一定会丰衣足食；用忠实厚道传承家业，就能够长长久久。

品鉴：家庭篇开篇即为“内外六间整洁，尊卑次序谨严！”由此可以看出家庭影响对于优良品格的形成有多么重要。家长把家里打理得次序井然，后辈自然会从小养成做事有条理的习惯，最终才能有办大事的基本能力。

社 会 篇

信交朋友，惠普乡邻。恤寡矜孤，敬老怀幼。救灾周急，排难解纷。修桥路以利人行，造河船以济众渡。兴启蒙之义塾，设积谷之社仓。私见尽要铲除，公益概行提倡。不见利而起谋，不见才而生嫉。小人固当远，断不可显为仇敌；君子固当亲，亦不可曲为附和。

【译文】

用诚信结交朋友，把恩惠遍及乡邻。救济寡妇怜惜孤儿，尊敬老人关心孩子。救济受灾的人民，接济有紧急需要的人，为人排除危难化解矛盾纠纷。架桥铺路方便人们行走，开河造船帮助人们通渡。兴办孩子接受启蒙教育的免费学校，建立用以救济饥荒的民间粮仓。个人成见要全部去除，公众利益要全面提倡。不要看见利益就动心谋取，不要见人才高就心生嫉妒。小人固然应该疏远，但一定不能公然成为仇敌；君子固然应该亲近，也不能失去原则一味追随。

品鉴：在社会交往中，诚信是第一要务。在乡邻问题的处理上，首先要谦让互助。对于社会上的弱势群体，更要负起责任，有能力就要帮助。“小人固当远，断不可显为仇敌。君子固当亲，亦不可曲为附和。”这两句是告诉我们，应该远离小人，但也不用公开把他们当作仇敌；亲近君子，但也不必曲意逢迎。

国 家 篇

执法如山，守身如玉。爱民如子，去蠹如仇。严以驭役，宽以恤民。官肯著意一分，民受十分之惠。上能吃苦一点，民沾万点之恩。利在一身勿谋也，利在天下者必谋之；利在一时固谋也，利在万世者更谋之。大智兴邦，不过集众思；大愚误国，只为好自用。聪明睿智，守之以愚；功被天下，守之以让；勇力振世，守之以怯；富有四海，守之以谦。庙堂之上，以养正气为先；海宇之内，以养元气为本。务本节用则国富，进贤使能则国强，兴学育才则国盛，交邻有道则国安。

【译文】

执行法令像山一样不可动摇，保持节操像玉一样洁白无瑕。像爱护自己的子女一样去爱护百姓，像对待自己的仇敌一样去剪除蠹虫。管理属下要严格，体恤百姓要宽厚。官员如能用一分心力，百姓就能得十分利益；君王如肯受一点辛苦，百姓就能得万倍的恩惠。利益得在自己一人就不去谋取，得在天下百姓就一定谋取；利益得在当前一时当然要谋取，得在千秋万代更要谋取。才智出众的人能使国家强盛，不过是汇集了大家的智慧；极端无知的人会贻误国家大事，只因为总喜欢自以为是。即便聪颖明智，也要以愚笨自处；即便功高盖世，也要以辞让自处；即便勇猛无双，也要以胆怯自处；即便富甲天下，也要以谦恭自处。朝廷中，要把培养刚正气节作为首要；普天下，要把培养元气生机作为根本。抓住生财根本，努力节约开支，国家就会富足；选拔任用德才兼备的人，国家就会强大；兴办学校培养人才，国家就会昌盛；与邻邦交往信守道义，国家就会安定。

品鉴：国家篇开篇即为“执法如山，守身如玉。爱民如子，去蠹如仇”。我们要懂得用严明律法来规范人们的行为，懂得社会的准则，洁身自好。爱民如子，对于社会的蛀虫，则要坚决剔除。“聪明睿智，守之以愚；功被天下，守之以让；勇力振世，守之以怯；富有四海，守之以谦。”这四句话，包含了深邃的进退之道。历史上很多聪明人、有功劳的人、孔武有力的人、富有四海的人，却最终没有好下场，就是因为他们不懂得守愚、让、怯、谦四道。项羽和韩信就是很好的例子。

《钱氏家训》基于儒家修齐治平的道德理想，从个人、家庭、社会和国家四个角度出发，为子孙订立了详细的行为准则。钱镠在临终前，曾向子孙提出了十条要求，被后世称作《武肃王遗训》。一千多年来，《遗训》和《家训》世代相传，更得到子孙后代的身体力行，成为立族之本、旺族之纲。

二、王羲之家族

王羲之（303—361，一作 321—379），字逸少，东晋时期著名书法家，有“书圣”之称。祖籍琅邪（今山东临沂），后迁会稽山阴（今浙江绍兴），晚年隐居剡县金庭（今浙江省嵊州市金庭镇）。历任秘书郎、宁远将军、江州刺史，后为会稽内史，领右军将军，世称“王右军”。其书法发展了汉魏笔风，自成一家，笔势“飘若浮云，矫若惊龙”，被誉为“尽善尽美”“古今之冠”，影响极为深远。代表作《兰亭序》被誉为“天下第一行书”。

王献之（344—386），字子敬，王羲之第七子。官至中书令，世称“王大令”。书法各体皆精，行草尤佳，号“破体”，富豪迈之气，对后世影响很大。与父齐名，有“二王”之称。有墨迹《鸭头丸帖》等存世。

魏晋时期，虽然长期动乱，但士人注重修身立德自成风流，王羲之便是其中的代表人物之一。王羲之的身上既显现着超脱、豪放的魏晋之风，也流淌着儒家的精神因子。修身、齐家、治国的理念，民本民生的意识，一直贯穿在他的言行之中，最终凝结为王羲之的家规家训。

浙江嵊州金庭镇华堂村是王羲之后裔的最大聚居地。王氏子孙后代多擅书画，他们将书画悬于厅堂，因此其宅有“画堂”之称，后“画堂”易作村名“华堂”。据史料记载，金庭王氏家族从南北朝以来，共走出了20位御史官，留下了廉明、正直的口碑，名留史册。

睦 宗 族

上治下治，敬宗睦族。

（《金庭王氏族谱旧序》）

【译文】

国治家治，家国同治；孝敬长辈，和睦家族。

尽 职 分

执事有恪，厥功为懋。

（《金庭王氏族谱旧序》）

【译文】

管事办事，讲究法度；谨慎严密，遵守规矩。立功尽职，人之本分；不应自傲，更需努力。

和 为 贵

敦厚退让，积善余庆。

（《金庭王氏族谱旧序》）

【译文】

与人为善，融洽相处，品行忠厚，礼让三分；多做善事，造福子孙。

品鉴：正如王羲之第五十五世孙王鑫军所说，王氏家规家训一共才 24 个字：上治下治，敬宗睦族，执事有恪，厥功为懋，敦厚退让，积善余庆。这 24 字从治国的高度、国与家的关系开篇，最后落实到如何“做人”，要求子孙为人处世要以“和”“孝”“规”“学”“义”为核心理念，可谓环环相扣，具体而微。第一句“上治下治”，说的就是治国与治家的基本道理。既是寓意国治才能家治，国泰才能民安，也是告诫子孙为官要以身作则，下级才会服你；上辈人要为后辈人做出榜样，后辈人才能学好。所以这寥寥 24 个字，包括了为人处世的价值观、人生观、道德观，有高度、有广度、有大家风范。

三、陆氏家族

金溪陆氏始祖为晚唐宰相陆希声之孙陆德迁，五代末年为避战乱，他携家带小从江苏宜兴县君阳山迁至抚州金溪青田里（今江西省金溪县陆坊）。第五代陆贺（字道卿），通晓孔孟之学，生有六子，九思、九叙、九皋、九韶、九龄和九渊。皆学识不凡、卓然有成，九韶、九龄、九渊三兄弟还成为南宋著名学者，人称“金溪三陆”。南宋理宗淳祐二年（1242 年），陆家又被敕封为“义门”，世称“陆氏义门”。

陆九思，字子强，统管全家事务，后来他将丰富的治家经验总结成书，定名为《家问》，朱熹为之作跋，并给予很高评价。

陆九叙，字子仪，擅理财，在村里开了一家药店，赚钱补贴家用。

陆九皋，字子昭，是一位私塾先生，终生教学，人称“庸斋先生”，学问品德俱佳。陆九渊就是在这位三哥处接受启蒙教育的。

陆九韶（1128—1205），字子美，号梭山居士，少研经史，文行俱优，博学多才，隐居不仕。曾讲学授理于家乡的梭山，人称梭山先生。治家严谨，以训诫之辞编为韵语，供家人谒祖先祠诵读。著有《梭山文集》《家制》

《州郡图》等。

陆九龄（1132—1180），字子寿，学者称复斋先生。乾道五年（1169 年）登进士第，授迪功郎、湖南桂阳军军学教授，后改授兴国军军学教授。淳熙七年（1180 年）调任全州州学教授，未及任便英年早逝，享年 49 岁。陆九龄长期跟随父兄研讲理学，为学注重伦理道德的实践。朱熹赞其“德义风流夙所钦”，吕祖谦称赞他“所志者大，所据者实”。著有《复斋文集》。

陆九渊（1139—1193），字子静，著名思想家、教育家，“心学”创始人。因讲学于象山书院（位于江西省贵溪市），被称为“象山先生”，学者常称其为“陆象山”。孝宗乾道八年（1172 年）中进士，调靖安主簿。绍熙二年（1191 年），知荆门军，修郡城，稳边防，甚有政绩，卒于任上，谥文安。陆九渊为“心学”开山之祖，与朱熹双峰并峙，主张“心即理”，言“宇宙便是吾心，吾心即是宇宙”，“学苟知道，六经皆我注脚”。明王守仁继承发展其学，成为“陆王学派”，对后世影响深远。著有《象山先生全集》。

中国古代，被敕封为“义门”是家族的最高荣誉。金溪陆氏成为中国家族史上礼义之家的一个典范。陆氏治家有两大特点：一是“鼓磬聚合，为歌寓警”。陆九韶把训戒之词编为韵语，供家人谒祖先祠唱诵。二是奉行“家国同构”理念，由家长一人主持家政，组织生产，众子弟轮流协助管家，余则各司其职，各有制度，使得陆家农、商、儒三业并进，成为金溪名门望族。陆氏家训，修身齐家，古韵流芳，精神照人。

读书明理

古者民生八岁，入小学，学礼乐射御书数。至十五岁，则各因其材而归之四民。故为农工商贾者，亦得入小学，七年而后就其业。其秀异者，入大学而为士，教之德行。凡小学大学之所教，俱不在言语文字。故民皆有实行而无诈伪。

（［南宋］陆九韶《家制·居家正本篇》）

【译文】

古时候小孩生下来，8 岁后就进入小学，学习礼仪、音乐、射箭、驾车、书法、算术。到 15 岁时，就根据其才能选择士、农、工、商不同的出路。优秀的人进大学学习成为学者，修习德行。无论是小学教育还是大学教育，都不专注于教语言文字，而是注重于道德的培养，所以人们朴实而不诈伪。

愚谓人之爱子，但当教之以孝悌忠信，所读须先六经论孟，通晓大义，明父子君臣夫妇昆弟朋友之节，知正心修身齐家治国平天下之道，以事父母，以和兄弟，以睦族党，以交朋友，以接邻里，使不得罪于尊卑上下之际。次读史，以知历代兴衰。究观皇帝王霸与秦汉以来为国者，规模处置之方，功效逐日可见，惟患不为耳。

（［南宋］陆九韶《家制·居家正本篇》）

【译文】

我认为人要是真爱自己的孩子，就应当教给他们孝、悌、忠、信的德行，所读之书要先从“六经”、《论语》《孟子》开始，使之通晓大义，明白父子、君臣、夫妇、兄弟、朋友这五伦的礼节，懂得正心、修身、齐家、治国、平天下的道理。从而以此来侍奉父母，团结兄弟，和睦族人，结交朋友，接洽邻里，使之在处理尊卑、上下关系时能够遵循礼义，不犯错误。其次，要读史书，从而明白历朝历代兴衰盛亡的规律。仔细研究观察历代帝王霸主与秦汉以来各国君王的治国安邦之略，学习的效果就会逐渐显现，只是担心他们不学习呀！

孝亲和睦

至如奉亲最急也，啜菽饮水尽其欢，斯之谓孝。

（［南宋］陆九韶《家制·居家制用篇》）

【译文】

奉养双亲是最重要的，即使吃豆羹喝清水，生活清苦，也要让他们精神上高兴，这就叫作孝。

人孰不爱家、爱子孙、爱身，然不克明爱之之道，故终焉适以损之。一家之事，贵于安宁和睦悠久也，其道在于孝悌谦逊。

（［南宋］陆九韶《家制·居家正本篇》）

【译文】

人没有不爱家、不爱子孙、不爱自身的，但是如果不懂得如何爱，最终反而会带来损害。一个家庭，最可贵的是能够长久保持安宁和睦，而保持的方法在于孝悌谦逊。

仁义为本

就使遂志，临政不明仁义之道，亦何足为门户之光耶？

（［南宋］陆九韶《家制·居家正本篇》）

【译文】

即便幸运中了科举做了官，但是治理政事不懂得仁义之道，又怎么能够光耀门楣呢？

夫事有本末，智愚贤不肖者本，贫富贵贱者末也。得其本则末随，趋其末则本末俱废，此理之必然也。今行孝悌，本仁义，则为贤为智。贤智之人，众所尊仰，箪瓢为奉，陋巷为居，己固有以自乐，而人不敢以贫贱而轻之，岂非得其本而末自随之？夫慕爵位，贪财利，则非贤非智。非贤非智之人，人所鄙贱。虽纡青紫、怀金玉，其胸襟未必通晓义理。己无以自乐，而人亦莫不鄙贱之，岂非趋其末而本末俱废乎？

（［南宋］陆九韶《家制·居家正本篇》）

【译文】

凡事都有本末之分，智慧还是愚痴、贤能还是不肖，这是人的根本，而贫与富、贵与贱则是为人末端的事情。抓住了根本，自然就能得到枝末。如果一味追求枝末，就会本末都失掉，这是必然的道理。孝敬父母、友爱兄弟，以仁义为做人之本，则成为贤德和智慧的人。而贤德和智慧的人自然会受到众人的尊重和敬仰。即使像颜回一样，箪食瓢饮，住在陋巷，也能自得其乐，而别人也不敢因他贫穷和地位低下而轻视他。这难道不是得到了其根本而枝末也随之而得吗？如果仰慕爵位，贪图财利，就不会是贤德和智慧的人。没有贤德和智慧的人，自然会被众人所鄙视。虽然穿着官服，怀藏金玉，但是心中未必明白义理，不仅自身不能得到真乐，人们也无不鄙视他，这难道不是追求枝末而本末都失去了吗？

量入为出

凡家有田畴，足以赡给者，亦当量入以为出。然后用度有准，丰俭得中。怨黩不生，子孙可守。

（［南宋］陆九韶《家制·居家制用篇》）

【译文】

即使家里有田地的，收成足够养家的，也要量入为出。这样用度才会有准则，丰俭都合适，家人之间不会生怨气，子孙能够常守家业。

今以田畴所收，除租税及种盖粪治之外，所有若干，以十分均之。留三分为水旱不测之备，一分为祭祀之用，六分为十二月之用。取一月合用之数，均为三十分，日用其一。可余而不可尽用，至七分为得中，不及五分为啬。

（［南宋］陆九韶《家制·居家制用篇》）

【译文】

现在以田地所收粮食，除去租税及种子、肥料所用之外，把剩下的平均分成十份。其中，三份作为水涝或干旱等灾害之时的备粮，一份作为祭祀之用，其余六份为一年十二个月的正常食用。平时，按一个月所需粮食，大致分为三十份，每天食用一份。可以剩余但不可用完，以可用总量的七成为适，如所用不到该用的一半，则过于节省。

愚今考古经国之制，为居家之法，随资产之多寡，制用度之丰俭。合用万钱者用万钱，不谓之侈，合用百钱者用百钱，不谓之吝。是取中可久之制也。

（［南宋］陆九韶《家制·居家制用篇》）

【译文】

我现在参考古代治国的办法，制定居家的法规，根据家中财产的多少，制定家中开支用度的丰俭。应当使用万贯钱的，就用万贯钱，这不能说是奢侈；应当使用一百贯钱的，就用一百贯钱，这不能说是吝啬。这是用度取用适中，以保家道长久的方法啊。

助困扶弱

又有余，则以周给邻族之贫弱者，贤士之困穷者，佃人之饥寒者，过往之无聊者。

（［南宋］陆九韶《家制·居家制用篇》）

【译文】

如果还有剩余，那么可以用来周济给邻族贫困残弱的人、穷困的贤良之士、饥寒困顿的佃户或者贫苦无依的流浪人。

夫丰余而不用者，疑若无害也。然已既丰余，则人望以周济，今乃恝然，必失人之情。既失人情，则人不佑。

（［南宋］陆九韶《家制·居家制用篇》）

【译文】

那些富有而积财不用的，表面看起来似乎没什么害处。然而，你既然富有了，人们就会期望你能够周济他。现在如果漠不关心，必然会有失人情。如果失了人情，那么别人便不会再帮助你。

清心俭素

其有田少而用广者，但当清心俭素，经营足食之路。于接待宾客，吊丧问疾，时节馈送，聚会饮食之事，一切不讲。家居如此，方为称宜，而远吝侈之咎。

（［南宋］陆九韶《家制·居家制用篇》）

【译文】

如果田地少而开销大，便应清心少欲、节俭朴素，设法经营，使得家中足以过上温饱的生活。至于平日招待宾客、吊丧问候、节日馈赠、聚会宴饮等就不要再讲究了。居家能够如此，才能称得上适宜，从而远离吝啬、奢侈等过错。

酒肉贪多折人寿，经营太甚违天命。

更将勤俭答天心，莫把妄思损真性。

（［南宋］《金溪陆氏家规训戒之辞》）

【译文】

贪图享受、大吃大喝会影响寿命，经营过分、精于算计有违天命。要用勤劳节俭来回应天理之道，不要胡思妄想损害为人的本心和真情。

品鉴：金溪陆氏家训及其治家经验，是宝贵的精神遗产，在今天仍有重要的借鉴意义。不论社会如何变化，经济技术发达到何等程度，教育后代、治理家庭、服务社会三者，始终是考验人生的大课题。恪守道义、奉行孝悌、报效国家，永远是需要继承并光大的优良传统。

四、颜之推家族

颜之推（531—595），字介，原籍琅邪临沂（今山东省临沂市），生于建康（今江苏省南京市）一个以儒学传家的士族家庭，系孔子得意门生颜回的第三十五世孙。南北朝时期著名的教育家、文学家。传世著作有《颜氏家训》《冤魂志》《集灵记》《观我生赋》等。

颜之推的祖父为南齐治书御史颜见远，父亲为南梁咨议参军颜协。颜之推从小受家庭环境的熏陶，博览群书，为文辞情并茂，很早就进入仕途，但后期经历坎坷。他一生经历了南梁、西魏、北齐、北周、隋五个王朝，三次被俘，亲历了侯景之乱、西魏军攻陷江陵等重大事件，多次遭遇杀身之祸。他在《观我生赋》中说："予一生而三化，备荼苦而蓼辛。"颜氏家族以《颜氏家训》作为修身律已之本，在隋唐以后出现了像颜真卿、颜杲卿这样的历史人物，这与《颜氏家训》是分不开的。

《颜氏家训》全书分为《序致》《教子》《勉学》《名实》《止足》等二十篇，涵盖了从饮食起居、修身养性到为人处事、求仕致学等多方面的内容，是我国最早的系统完整的家庭教育专著。《颜氏家训》在传统中国的家庭教育中影响巨大，得到世人的高度评价。

教子：威严而有慈

父母威严而有慈，则子女畏慎而生孝矣。吾见世间，无教而有爱，每不能然；饮食运为，恣其所欲，宜诫翻奖，应诃反笑，至有识知，谓法当尔。骄慢已习，方复制之，捶挞至死而无威，忿怒日隆而增怨，逮于成长，终为败德。孔子云："少成若天性，习惯成自然"。是也。

（《颜氏家训·教子第二》）

【译文】

父母威严而又慈爱，子女就会有敬畏心理，言行谨慎，从而产生孝心。我见世上有些父母对子女不加教育，只是一味溺爱，往往做不到这一点。他们对子女的饮食言行，总是放纵，任其所为，该告诫的却夸奖，该斥责的却欣喜，等孩子长大明白事理以后，就会认为自己的行为是对的。等到孩子骄横傲慢成为习惯时，才想到去管束制约他们，就算把他们用棍打死，也很难再树立父母的威信了。父母的愤怒导致子女的怨恨之情与日俱增，等到孩子长大成人，终究会成为道德败坏之人。孔子所谓“少成若天性，习惯如自然”，讲的正是这个道理。

人之爱子，罕亦能均，自古及今，此弊多矣。贤俊者自可赏爱，顽鲁者亦当矜怜。有偏宠者，虽欲以厚之，更所以祸之。

（《颜氏家训·教子第二》）

【译文】

人们都喜爱自己的孩子，却少有能够一视同仁的，从古至今，这样做的弊病太多了。聪慧俊秀的孩子当然值得赏识喜爱，而愚蠢迟钝的孩子也应该喜爱怜惜才是。那些偏宠孩子的人，虽然本意是想以自己的爱厚待他，但反而会因此害了他。

品鉴：威慈并举是教子良方。威严的同时，慈爱是必不可少的。慈爱是教育的基础，但是只有慈爱没有威严，不会有成功的家庭教育。韩非子对此有一个总结，他说：“慈母多败儿。”这个“慈”当然不是指慈爱，而是一种溺爱。说的是做母亲的不能对孩子的缺点及时加以纠正，因溺爱而迁就，会害了孩子。一个家庭里如果有两个或多个孩子，要公平对待每一个孩子。

治家：俭而不吝

孔子曰：“奢则不孙，俭则固；与其不孙也，宁固。”又云：“如有周公之才之美，使骄且吝，其余不足观也已。”然则可俭而不可吝已。俭者，省约为礼之谓也；吝者，穷急不恤之谓也。今有施则奢，俭则吝；如能施而不奢，俭而不吝，可矣。

（《颜氏家训·治家第五》）

【译文】

孔子说："奢侈了就不会恭顺，节俭了就会鄙陋。与其不恭顺，宁可鄙陋。"又说："如果有人具有周公那样的才、那样的美，但只要他既骄傲又吝啬，那么余下的也就不值一提了。"这样说来，那就是可以节俭而不可以吝啬了。节俭，是指合乎礼数的节省。吝啬，是指对处于穷困急难之中的人也不加以救助。现在舍得施舍的人就奢侈无度，节俭的人又吝啬小气；假如能做到既施舍于他人自己又不奢侈，勤俭节约又不吝啬，那就好了。

妇人之性，率宠子婿而虐儿妇。宠婿，则兄弟之怨生焉；虐妇，则姊妹之谗行焉。然则女之行留，皆得罪于其家者，母实为之。至有谚云："落索阿姑餐。"此其相报也。家之常弊，可不诫哉！

（《颜氏家训·治家第五》）

【译文】

妇人的秉性，大都是宠爱女婿而虐待儿媳。宠爱女婿，则儿子的不满就由此产生；虐待儿媳，则女儿的谗言就随之而至。那么女儿不论是出嫁还是待嫁在家，都要得罪家人，这实在是当母亲的造成的。以致有谚语说："婆婆吃饭好冷清。"这是对她的报应啊。这种家庭中经常出现的弊端，不能不警戒啊！

品鉴：崇尚俭朴，是中华民族的传统美德，但俭朴之人却往往失之吝啬；乐善好施，也是中华民族的优良传统，但好施之人却往往失之于奢侈。我们应努力培养一种"施而不奢，俭而不吝"的完善品格，当施则施，当予即予，才是最高的境界。

慕贤：与善人居

人在年少，神情未定，所与款狎，熏渍陶染，言笑举动，无心于学，潜移暗化，自然似之。何况操履艺能，较明易习者也？是以与善人居，如入芝兰之室，久而自芳也；与恶人居，如入鲍鱼之肆，久而自臭也。君子必慎交游焉。

（《颜氏家训·慕贤第七》）

【译文】

人在年轻的时候，精神性情都还没有定型，和那些情投意合的朋友朝夕相处，受到他们的熏渍陶染，人家的一言一笑，一举一动，虽然没有存心去学，但是潜移默化之中，自然跟他们相似。何况操守德行和本领技能，都是比较容易学到的东西呢？因此，与善人相处，就像进入满是芝草兰花的屋子中一样，时间一长自己也变得芬芳起来；与恶人相处，就像进入满是鲍鱼的店铺一样，时间一长自己也变得腥臭起来。君子与人交往一定要慎重。

品鉴：与善人交，如入芝兰之室，芳香四溢，令人愉悦，是一个很美好的潜移默化的享受过程。仅仅与善人交，还不是最理想的标准，还应该与贤人交，与高素质有涵养的善人交往，这样才能使自己的眼界放得更宽，身心得到提升和净化。

省事：有所不为

君子当守道崇德，蓄价待时，爵禄不登，信由天命。须求趋竞，不顾羞惭，比较材能，斟量攻伐，厉色扬声，东怨西怒；或有喧聒时人视听，求见发遣。以此得官，谓为才力，何异盗食致饱，窃衣取温哉！

（《颜氏家训·省事第十二》）

【译文】

君子应当坚守正道、增强修养，同时还要蓄养身价、名望以等待时机，就算得不到高官厚禄，也要处之泰然。要是不顾羞耻四处求官，和别人比较才能，论说功绩，吆三喝五，怨天尤人；或哗众取宠、扰乱视听，来获取官位。就算通过这些手段最终得到了官职，自认为有能力，但是，这跟偷食物来填饱肚皮、窃衣服来保暖有什么区别呢？

王子晋云："佐饔得尝，佐斗得伤。"此言为善则预，为恶则去，不欲党人非义之事也。凡损于物，皆无与焉。亲友之迫危难也，家财己力，当无所吝；若横生图计，无理请谒，非吾教也。

（《颜氏家训·省事第十二》）

【译文】

王子晋说："协助别人做菜可以吃到佳肴，帮人打架会受到伤害。"这话是说别人做好事都要参与，别人做坏事都要避开，不要和人结伙做不正当的事。凡是损害别人利益的事都不参与。亲友处在窘迫危难的时候，自己的财力和才力应当毫不吝惜；要是有人图谋不轨，提出一些无理的请托，那他就不是我教你们怜悯的人。

品鉴：人生在世，既要有所为，又要有所不为。有所为，是叫人有事做，有了事做，人才能活得充实快乐，没事干的人容易多生事端，正所谓无事生非。有所不为并不是无所事事，是对一些不该为、不能为，有时也是不想为的事不去为之。这也许正是一个人做人的求实态度和机智所在。

五、"三苏"家族

"三苏"是指苏洵、苏轼、苏辙父子三人。"三苏"皆为北宋著名文学家、思想家、政治家。父子三人在文学上造诣颇深，虽同出一源又各具特色，人称“凝练老泉，豪放东坡，冲雅颍滨”，同登“唐宋八大家”之列。三人的立身操守也都光明磊落、清廉正直、循理无私，关心国家命运，同情民间疾苦。

苏洵（1009—1066），字明允，号老泉。青少年时喜好游历名山大川，27岁始发愤读书，精研“六经”百家之书，稽考古今成败之理。嘉祐初年，受成都太守张方平、雅州太守雷简夫举荐，携二子苏轼、苏辙进京，拜见翰林学士欧阳修，并上《权书》《衡论》《机策》等文章二十二篇。文章一出，轰动京师，天下学者竞相仿效。后经举荐，破格录用为秘书省试校书郎、霸州文安县主簿，与陈州项城令姚辟等同修《太常因革礼》一百卷。书成即卒，享年58岁，加封为光禄寺丞，赠太子太师，世称“文公”。著有《嘉祐集》（二十卷）、《易传》（三卷）等。

苏轼（1037—1101），苏洵长子，字子瞻，号东坡居士。嘉祐二年（1057年）进士及第，秘阁制科考试入三等，官至翰林学士、龙图阁学士、端明殿侍读学士，兵部和礼部尚书。先后出任凤翔、密州、徐州、湖州、登州、杭州、颍州、扬州、定州等地方官，政绩卓著。晚年被贬惠州、儋州，病逝于常州。后追赠太师，谥号“文忠”。有《东坡七集》《东坡易传》《东坡乐府》等传世。

苏辙（1039—1112），苏洵次子，字子由，一字同叔，晚号颍滨遗老。在父兄的熏陶和影响下，自幼博览群书，抱负宏伟。19岁时与兄苏轼同榜进士及第。先后任制置三司条例司检详文字、陈州学官、齐州掌书记、南京签判。后因故贬筠州盐酒税。宋哲宗元祐元年（1086年），苏辙以绩溪令被召回朝廷，七年之中八次升迁，擢升为门下侍郎，一展政治抱负。后再次贬谪筠州，远谪岭南。遇赦北归后，寓居颍昌（今河南许昌），闭门谢客，潜心著述。北宋政和二年（1112年）病逝，终年74岁，南宋时追谥“文定”。著有《诗传》《春秋传》《栾城集》等。

纵览唐宋历史，没有哪一个家族，能像苏氏家族一样，在“唐宋八大家”中占据三个席位，传为千古佳话。正可谓：三杰一门，前无古后无今；器识文章，浩如江河行大地。苏氏家族书香传承，一脉浩然正气，一腔爱国之情，为历代传扬。有道是：“诗书传家门毓秀，博爱处世人长久。”苏氏家训不变的魂脉，可以归结为三点：读书正业，孝慈仁爱，非义不取。

读书正业

侄孙近来为学何如？想不免趋时。然亦须多读史，务令文字华实相副，期于适用乃佳。勿令得一第后，所学便为弃物也。海外亦粗有书籍，六郎亦不废学，虽不解对义，然作文极峻壮，有家法。二郎、五郎见说亦长进，曾见他文字否？侄孙宜熟看前、后《汉史》及韩、柳文。有便，寄近文一两首来，慰海外老人意也。

（［北宋］苏轼《与侄孙元老四首之三》）

【译文】

侄孙你近来学习怎么样？恐怕也避免不了赶潮流。即使这样也必须多读史书，务必使所作文章的文采和实际内容相符合，能有实用价值才算好文章。不要一旦得到科名以后，便认为平日所学的东西就再也没有用了。我在儋州（今海南）也略有一些书籍，六郎苏过在我身边，他没有放弃学习，虽然还不太会写科举考试中解读经义的文章，但所作文章语气高昂雄壮，有家传的法度。二郎苏迈、五郎苏迨均没有在我身边，听说在做学问方面也都有长进。你曾见过他们所写的文章没有？你要熟读《汉书》《后汉书》和韩愈、柳宗元的文章。如果方便的话，寄你最近所作文章一两篇来，以安慰我这个远居海外的老人。

品鉴：读书是获取知识、提高素质的有效途径，也是涵养静气的摇篮。读书妙处无穷，书香熏染人生。读书能使人时时闪烁着生命的光辉，让人欣赏到不同的生命风景，从而使自己灵魂欢畅，精神饱满而丰盈。所以我们要多读书，增加一点书卷气，保持心静如水、人淡如菊的心境。

孝慈仁爱

少而孤则老者字之，贫而无归则富者收之。而不然者，族人之所共诮让也。

（［北宋］苏洵《苏氏族谱亭记》）

【译文】

如果有年纪幼小的孤儿，那就由族中成年人来抚育；如果有贫穷而无家可归的人，那就由族中富有的人来收养。要是有人不这样做，那么全体族人都要来谴责他。

事父母极于孝，与兄弟笃于爱，与朋友笃于信……薄于为己而厚于为人。

（［北宋］苏洵《族谱后录下篇》）

【译文】

侍奉父母要尽到最好的孝心，兄弟之间要互助关爱，与朋友相处要坦诚守信……对自己要严格要求，对别人要宽宏大量。

品鉴：中华民族是礼仪之邦，历来注重慈孝仁爱。对待父母要极尽孝道，有道是：百善孝为先。对待子女要慈爱，正所谓：母慈子孝。对待世间万事万物要有一颗仁爱之心，即使得不到回报，仁爱之心也会变成涓涓细流，滋润我们的心田。

非义不取

功废于贪，行成于廉。

（［北宋］苏轼《六事廉为本赋》）

【译文】

功业毁废于贪婪，德行养成于廉洁。

苟非吾之所有，虽一毫而莫取。

（［北宋］苏轼《前赤壁赋》）

【译文】

倘若不是我应当拥有的东西，即使是一丝一毫也不去求取。

六、曾国藩家族

曾国藩（1811—1872），字伯涵，号涤生，湖南湘乡白杨坪（今属双峰）人。清末洋务派和湘军首领。道光十八年（1838 年）进士，入翰林院，累迁内阁学士、礼部侍郎，署兵、工、刑、吏部侍郎，官至两江总督、直隶总督、武英殿大学士。卒谥“文正”。有《曾文正公全集》。

曾国藩是中国传统文化培育出来的标本式人物，他修身律己，以德求官，以忠谋政，一生奉行“居官以耐烦为第一要义”，主张凡事要勤俭廉劳，不可为官自傲。人称“立德立功立言三不朽，为师为将为相一完人”，生前身后，备受推崇。

曾国藩祖父曾星冈少时纨绔，因有长辈讥讽他是“败家子”而幡然醒悟，自此讲求农事，并提出“治家八诀”，即“书蔬鱼猪，早扫考宝”，奠定了曾氏家族耕读孝友的家风。

曾国藩作为家中长子，尤其重视对诸弟及子侄的教育。在长期的仕宦生涯中，曾国藩观察到“天下官宦之家，多只一代享用便尽”，于是在祖父“治家八诀”的基础上扩充和发展，逐渐形成了更加丰富的“八本三致祥”家规体系。

> “八本”：读古书以训诂为本，作诗文以声调为本；事亲以得欢心为本，养生以少恼怒为本；立身以不妄语为本，居家以不晏起为本；居官以不要钱为本，行军以不扰民为本。
>
> “三致祥”：孝致祥、勤致祥、恕致祥。

但曾氏家训流传最广的还是曾国藩写给诸弟及子侄的家书。曾国藩家书以儒学思想为核心，融汇众家之精要，传承发扬耕读家风，内容包括修身养性、读书治学、为人处世、交友识人、持家教子、治军从政等，其行文在日常琐事中寓见识，在平凡朴实中见真情，具有极强的说服力和感召力。家书后经李瀚章、李鸿章编校、刊印，广为流传。

曾氏家风习习，其后辈不仅用心传承，并且顺应潮流有新的发展。曾国藩儿媳妇、曾纪鸿夫人郭筠秉承先人遗训，勤俭治家，手书《曾富厚堂日程》，告诫子孙不染纨绔习气，力求自立自强，并要求子孙天天做到，时时遵守。

“清芬世守，盛德日新”，曾氏后人谨守家训，传承家风，贤才辈出。曾国藩治家教子的理念与实践，更是被社会大众所推崇和效仿，成为中国传统家教的范本。

品鉴：曾国藩一生以圣贤为榜样，曾经写下“不为圣贤便为禽兽；莫问收获但问耕耘”的对联以铭心志，时时刻刻用“慎独”来反省自律，坚持“笃实”做事、“坚忍”做人的为人处世准则。他不仅身体力行，还经常在家书中告诫弟弟们：“贤弟此刻在外，亦急须将笃实复还，万不可走入机巧一路，日趋日下也。”至于坚忍功夫，曾国藩可算修炼到了极点。他说，“困心横虑，正是磨炼英雄，玉汝于成”，“吾生平长进，全在受挫辱之时。务须咬牙励志，蓄其气而长其智，切不可苶然自馁也”。

七、乔氏家族

山西祁县乔家堡乔氏是清末民初闻名全国的商业家族，是晋商的代表。乔氏家族最早可考的始祖是乔守纪，历经繁衍生息，传承至今已历 15 世，代表人物有：

乔贵发：乔氏发迹始祖，幼年父母双亡，寄人篱下。清乾隆初年，“走西口”，拉骆驼、当伙计、卖豆腐……不惮劳苦，创下家业。

乔致庸：乔贵发的孙子，字仲登，早年饱读诗书，立志仕途，但兄长早亡，他挑起家业重担。因儒学功底深厚，治商有方，秉持“首重信，次重义，三为利”的原则，以“戒懒、戒骄、戒贪”的精神，锐意进取，不断开拓，将其商业和金融字号扩展至平、津、东北，直到长江流域。极盛时期，国内各通都大邑几乎都有他的字号。

乔映霞：乔致庸的孙子，字锦堂，为人精明强干，敢作敢为，19 岁就从乔致庸手里接过乔家的家业。他恪守家规家训，发展了家业，维护了家族的繁盛。

乔家祖居祁县乔家堡，从乔贵发首创家业始，乔家由贫穷农户发展成富商巨贾，从单身一人繁衍为人口众多、人才辈出的望族。鼎盛时期，乔氏家族数百人口聚族而居，乔家产业遍布全国，独领风骚 200 多年。乔家家兴族旺是和乔家的家规家训分不开的。

乔家家规始立于乔氏发家始祖乔贵发，完善于乔家成就最大者乔致庸，总结起来为“六不准”：不准纳妾；不准赌博；不准嫖娼；不准吸毒；不准虐仆；不准酗酒。

乔家家训主要是乔致庸借用明末清初著名理学家、教育家朱柏庐的《朱子家训》和自古流传民间的修身格言等，择其要，作为家训，如“有补于天地者曰功，有益于世教者曰名；有学问曰富，有廉耻曰贵，是谓功名富贵”，告诫子孙勤学养德，行善于世。

乔家家训还体现在乔家大院的楹联、匾额中，诸如“厥德惟修”“为善最乐”“子孙贤族将大；兄弟睦家之肥”“经济会通守纪律；言词安定去雕镌”等，要求家人真诚、厚道、诚信、守规矩，不巧言辞令，蒙混别人。

有家规的约束，有家训的教化，乔氏一族形成了优良的家风并传之后世，影响深远。

会芳

（乔家大院匾额）

【译文】

贤德之士会聚一堂。

损人欲以复天理；蓄道德而能文章。

（乔家大院楹联）

【译文】

减少个人私欲，以恢复人之本性，顺应自然天理；积蓄修养道德，这样才能符合礼乐法度、社会规范。

我不识何等为君子，但看每事肯吃亏的便是；我不识何等为小人，但看每事好便宜的便是；彼之理是我之理非，我让之，能容之人是大人；彼之理非我之理是，我容之，能培薄德是厚德。

（乔家家训）

【译文】

我不能识别何种人是君子，只是看到每次遇事肯吃亏的便认出是君子；我不能识别何种人是小人，只是看到每次遇事爱占便宜的便知道是小人；他的理是对的，我是错的，我虚心谦让他，能宽容别人的人是肚量大的人；他的理是错的，我是对的，我对他理解包容，能培积薄德的人是有厚德的人。

治　家

不准纳妾；不准赌博；不准嫖娼；不准吸毒；不准虐仆；不准酗酒。

（乔家家规）

慎俭德

（乔家大院匾额）

【译文】

言行谨慎、生活俭朴是家庭传统美德。

子孙贤族将大；兄弟睦家之肥。

（乔家大院楹联）

【译文】

子孙贤能，家族就会繁盛壮大；兄弟和睦，家庭就会富贵通达。

忠厚培心和平养性；诗书启后勤俭传家。

（乔家大院楹联）

【译文】

忠诚厚道修养内心，心平气和调养性情；以诗书教导后辈，把勤俭作为传家美德。

日暖兰英秀；风清桂子香。

（乔家大院楹联）

【译文】

阳光温暖，兰花秀美；和风清爽，桂子飘香。暗喻良好的德育家风培养出优秀出众的子女。

处　世

履中蹈和

（乔家大院匾额）

【译文】

秉承中庸之道，以和为贵，中正谦和。

行事莫将天理错；立身宜与古人争。

（乔家大院楹联）

【译文】

做事不要违背自然规律与社会法则，立身处世应当与古人争贤。

传家有道唯存厚；处世无奇但率真。

（乔家大院楹联）

【译文】

唯有积存厚德才是传承家业的真道，处世立身没有奇特的方法，只要依循直率真诚的本性。

经　商

懋德务实

（乔家大院匾额）

【译文】

在实干中勤勉努力，成就美好德行。

读书好经商亦好学好便好；创业难守成尤难知难不难。

（乔家大院楹联）

【译文】

读书也好，经商也好，能一心学好便是好事；创业艰难，守住已成的家业更难，知道其中难处也就不难了。

经济会通守纪律；言词安定去雕镌。

（乔家大院楹联）

【译文】

经营事业、与人商业来往，需要遵守社会道德法纪，行为诚信规范；言词要使人安定，就应去除雕琢修饰，说话真诚实在。

读　书

百年燕翼惟修德；万里鹏程在读书。

（乔家大院楹联）

【译文】

先辈恩泽荫庇后代，为后辈筹划美好未来，唯有勤修德行；子孙继承发扬祖业，能光耀祖先、前程远大，重在勤奋读书。

读书即未成名究竟人品高雅；修德不期获报自然梦稳心安。

（乔家大院楹联）

【译文】

读书即使没有成名，也会有高雅的谈吐和品德；行善积德不求回报，自然心安理得梦香。

诗书于我为曲蘖；嗜好与俗殊酸咸。

（乔家大院楹联）

【译文】

诗书对我而言就像酿制好的美酒，给人以享受；要有与俗世众人不同的爱好，培养高雅的兴趣。

品鉴：乔家是晋商的代表，接受的是儒家教育。儒家教育的重点是修身、齐家、治国、平天下。最起码的一点就是要做到修身，把自己的人格、品性修养好。乔家在厅堂、过道、居室挂着《朱子家训》《古代治家格言》中的警句名言，从思想深处教育乔家子孙要有一种敬畏之心，顺天理，做善事。告诫子孙要想在社会上立足，成就事业，就必须走正路，做善事。还有乔家长辈的言传身教，使其子女耳濡目染，久而久之，就形成了一种端正、向上、和睦、为善、诚信、儒雅的家风。

八、梁启超家族

梁启超（1873—1929），字卓如，号任公，又号饮冰室主人，广东新会人。清光绪举人。戊戌维新运动领袖之一。著有《清代学术概论》《中国历史研究法》《中国近三百年学术史》等，其著作合编为《饮冰室合集》。梁启超是中国近代著名思想家、政治家、史学家、文学家，同时是一等一的教子高手。

梁启超的九个子女，人人成才，各有所长。长女思顺，诗词研究专家；长子思成，著名建筑学家、中央研究院院士；次子思永，著名考古学家，中央研究院院士；三子思忠，西点军校毕业，参与淞沪抗战；次女思庄，北京大学图书馆副馆长，著名图书馆学家；四子思达，经济学家，参与《中国近代经济史》的编写；三女思懿，著名社会活动家；四女思宁，早年就读南开大学，后奔赴新四军参加革命；五子思礼，火箭控制系统专家，中科院院士。

梁启超一生以变法强国为己任，晚年寓居天津。和别的大家族不同，梁家没有成文的家规家训，却用言传身教，将一生不变的家国情怀，融入了几代梁氏后人的血脉。我们选择梁启超的部分家书，分享梁启超的教子经。

处忧患最是人生幸事，能使人精神振奋，志气强立。两年来所境较安适，而不知不识之间德业已日退，在我犹然，况于汝辈，今复还我忧患生涯，而心境之愉快视前此乃不啻天壤，此亦天之所以玉成汝辈也。

（1916 年 1 月 2 日致思顺书）

人生之旅历途甚长，所争决不在一年半月，万不可因此着急失望，招精神之萎葸。

（1923 年 7 月 26 日致思成书）

我自己常常感觉我要拿自己做青年的人格模范，最少也要不愧做你们姊妹弟兄的模范。我又很相信我的孩子们，个个都会受我这种遗传和教训，不会因为环境的困苦或舒服而堕落的。

（1927 年 5 月 5 日致思忠书）

生当乱世，要吃得苦，才能站得住（其实何止乱世为然）。一个人在物质上的享用，只要能维持着生命便够了。至于快乐与否，全不是物质上可以支配。能在困苦中求快活，才真是会打算盘哩。

（1927 年 5 月 13 日致思顺书）

你们在爹爹膝下几十年，难道还不知道爹爹的脾气吗？你们几时看见过爹爹有一天以上的发愁，或一天以上的生气？我关于德性涵养的功夫，自中年来很经些锻炼，现在越发成熟，近于纯任自然了，我有极通达、极强健、极伟大的人生观，无论何种境遇，常常是快乐的。

（1928 年 5 月 13 日致思顺书）

品鉴：淡然宽怀看春秋，人生需要从容。路有升沉进退，人有悲欢离合。从容，才能走远路，不怕万水千山；从容，才能干大事，敢于倒海翻江，扭转乾坤；从容，才能临危不乱，举棋若定，化险为夷；从容，才能善待自己，善待生命。徐志摩曾说过：“得之我幸，失之我命。”人生逆境时不妨淡然处之，顺境时也不妨坦然面对。生活总会让人品尝到其中的五味，就把它当成生活的馈赠。坦坦然然、从从容容、不卑不亢、勇敢地笑对人生。

谈爱国：思报社会之恩

总要在社会上常常尽力，才不愧为我之爱儿。人生在世，常要思报社会之恩，因自己地位做得一分是一分，便人人都有事可做了。

（1919 年 12 月 2 日致思顺书）

我今日若还不理会政治，实在对不起国家，对不起自己的良心。

国家生命民族生命总是永久的（比个人长的），我们总是做我们责任内的事，成效如何，自己能否看见，都不必管。

（1927 年 1 月 27 日给孩子们书）

毕业后回来替祖国服务，是人人共有的道德责任。

（1927 年 5 月 26 日与孩子们书）

品鉴：在梁启超的心中，国家占有非比寻常的分量。梁启超的九个子女中，先后有七个在国外接受了高等教育，学贯中西，成为不同行业的专家学者，完全有条件进入西方主流社会，享受优厚的物质待遇。但是，他们没有一人留居国外，都是学成后即刻回国，与祖国共忧患。

谈立业：尽力去做

天下事业无所谓大小，士大夫救济天下和农夫善治其十亩之田所成就一样。只要在自己责任内，尽自己力量做去，便是第一等人物。

（1923 年 11 月 5 日致思顺书）

我生平最服膺曾文正两句话："莫问收获，但问耕耘。"将来成就如何，现在想他则甚？着急他则甚？一面不可骄盈自慢，一面又不可怯弱自馁，尽自己能力做去，做到哪里是哪里，如此则可以无入而不自得，而于社会亦总有多少贡献。

（1927 年 2 月 16 日给孩子们书）

你们既已成学，组织新家庭，立刻须找职业，求自立，自是正办。

若专为生计独立之一目的，勉强去就那不合适或不乐意的职业，以致或贬损人格，或引起精神上苦痛，倒不值得。

（1928 年 4 月 26 日致思成夫妇书）

品鉴：梁启超用曾国藩名言教育孩子，"莫问收获，但问耕耘"这句话意在说明，我们做事不能只想着回报、酬劳，更要想着把事情做好，耕耘好自己的一片天地，自然会有好的结果。他也强调：尽职尽责就是第一等人物。这个标准看起来很简单，其实是非常高的要求。很多父母都希望自己的孩子能够干大事、创大业，其实人首先要做的就是承担起自己的责任。一个不懂得承担责任的人，即便做成大事，也会很快失败。

谈治学：多方取益

"学问是生活，生活是学问"，彼宜从实际上日用饮食求学问，非专恃书本也。

（1921 年 5 月 30 日致思顺书）

至于未能立进大学，这有什么要紧，"求学问不是求文凭"，总要把墙基越筑得厚越好。

（1925 年 7 月 10 日给孩子们书）

一个人想要交友取益，或读书取益，也要方面稍多，才有接谈交换，或开卷引进的机会。不独朋友而已，即如在家庭里头，像你有我这样一位爹爹，也属人生难逢的幸福，若你的学问兴味太过单调，将来也会和我相对词竭，不能领着我的教训，你全生活中本来应享的乐趣也削减不少了。

（1927 年 8 月 29 日给孩子们书）

凡做学问总要“猛火熬”和“慢火炖”两种工作，循环交互着用去。在慢火炖的时候才能令所熬的起消化作用融洽而实有诸己。

做学问原不必太求猛进，像装罐头样子，塞得太多太急不见得便会受益。

（1927 年 8 月 29 日给孩子们书）

品鉴：生活本身就是一种学问，求学问一方面要多读圣贤书，从而汲取营养，另一方面也要多从生活实践中吸收智慧。古语说得好：读万卷书不如行万里路。我们的生活阅历本身就是一笔财富。梁启超反对填鸭式的教育，他在信中说得最多的是安慰、劝解的话，“猛火熬”和“慢火炖”，就是要我们处理好学习知识和消化知识的关系。

谈亲情：对着月想你们

你们到温（哥华）那天，正是十五，一路上看着新月初升直到圆时，谅来在船上不知蹭了多少次“江上何人初见月，江月何年初照人”了。我晚上在院子里徘徊，对着月想你们，也在这里唱起来，你们听见没有？

（1925 年 5 月 9 日致顺、成、永、庄书）

你们须知你爹爹是最富于情感的人，对于你们的感情，十二分热烈。你们无论功课若何忙迫，最少隔个把月总要来一封信，便几个字报报平安也好。

（1927 年 6 月 15 日给孩子们书）

须知你是我第一个宝贝，你的健康和我的幸福关系大着哩。好孩子，切须听爹爹的话。

（1927 年 12 月 24 日致思顺书）

你们这些孩子真是养得娇，三个礼拜不接到我的信就嗫嘴了，想外面留学生两三个月不接家信不算奇怪。我进医院有三个礼拜了，再不写信，你们又不知道怎样抱怨了，所以乘今天过年时，和你们谈谈。

（1928 年 1 月 22 日给孩子们书）

品鉴：100 年前的中国是什么模样，怕难于想象，从那些旧照片中我们看到的是长辫子、三寸金莲、长袍马褂和呆滞眼神，而此时的梁启超却在给儿女们的信中称呼孩子们“宝贝”“baby”。梁启超教育孩子最大的一个特点就是与孩子们做朋友。梁启超给儿女们的信比孩子给他的信多很多，作为父亲，亲自给孩子们写信，亲自与孩子们交谈，与他们谈学习、交友、恋爱、生活、政事等，梁启超将每一件事娓娓道来，没有旧家长作风，又与今日的家长拉开多大差距？

参 考 文 献

一、古籍

[1]李学勤主编.十三经注疏·尚书正义.《十三经注疏》委员会整理.北京:北京大学出版社 1999.

[2]李学勤主编.十三经注疏·礼记正义.《十三经注疏》委员会整理. 北京:北京大学出版社,1999.

[3]李学勤主编.十三经注疏·孟子注疏.《十三经注疏》委员会整理. 北京:北京大学出版社,1999.

[4]范晔.后汉书. 北京:中华书局,1965.

[5] 范文澜注.文心雕龙注. 北京:人民文学出版社,1958.

[6]颜之推.王利器集解. 颜氏家训集解. 北京:中华书局,1993.

[7]房玄龄,褚遂良.晋书. 北京:中华书局,1974.

[8]李世民.帝范. 北京:中华书局,1985.

[9]吴纳,徐师曾.文章辩体序说 文体明辨序说. 北京:人民文学出版社,1960.

[10]严可均辑.全三国文. 北京:商务印书馆,1999.

[11]严可均辑.全晋文. 北京:商务印书馆,1999.

[12]毕沅校注.墨子.上海:上海古籍出版社,2014.

[13]沈德潜,周准编.明诗别裁集(影印本).北京:中华书局,1975.

[14]曹寅,彭定求等编纂.全唐诗.扬州诗局本.

[15]姚鼐.古文辞类纂.上海:上海古籍出版社,1998.

[16]曾国藩.经史百家杂钞.长沙:岳麓书社,1987.

[17]王士祯.池北偶谈.北京:中华书局,1997.

[18]曾国藩.曾国藩家书.北京:东方出版社,2014.

[19]刘止唐,刘子维.火神之祖:槐轩医学全书.申子校注.北京:中国中医药出版社,2013.

[20]颜之推.颜氏家训.昆明:晨光出版社,2016.

二、今人著作

[1]蔡尚思,方行编.谭嗣同全集.北京:生活·读书·新知三联书店,1954.

[2]鲁迅先生纪念委员会编.鲁迅全集(第六卷).北京:人民文学出版社,1973.

[3]周汝昌.范成大诗选.北京:人民文学出版社,1984.

[4]周振甫.文心雕龙今译.北京:中华书局,1986.

[5]褚斌杰.中国古代文体概论.北京:北京大学出版社,1990.

[6]李知文,李立波,谭行敏.古今使用书信选粹.西安:陕西人民出版社,1991.

[7]陈寿.三国志·现代文版.刘国辉等译.北京:红旗出版社,1992.

[8]吴树平,赖长扬主编.白话四书五经(第三卷).北京:国际文化出版公司,1992.

[9]张岱年,方克立.中国文化概论.北京:北京师范大学出版社,1994.

[10]朱世英,方遒等.中国散文学通论.合肥:安徽教育出版社,1995.

[11]杨洪杰,吴麦黄.司马光传.太原:山西人民出版社,1997.

[12]逯钦立辑校.先秦汉魏晋南北朝诗·汉诗.北京:中华书局,1998.

[13]赵树功.中国尺牍文学史.石家庄:河北人民出版社,1999.

[14]张少康.中国文学理论批评史教程.北京:北京大学出版社,1999.

[15]郭预衡.中国散文史.上海:上海古籍出版社,1999.

[16]宋效永.清十大名人家书.长沙:岳麓书社,1999.

[17]杜贵晨.李绿园与歧路灯.沈阳:辽宁教育出版社,2000.

[18]易存国.中国审美文化.上海:上海人民出版社,2001.

[19]曹旭.古诗十九首与乐府诗选评.上海:上海古籍出版社,2002.

[20]唐浩明.唐浩明评点曾国藩家书(下).长沙:岳麓书社,2002.

[21]天人.中国历代名人家书——永恒的处世哲学.呼和浩特:内蒙古人民出版社,2003.

[22]王兆祥编.家书撷金——家书篇.太原:山西人民出版社,2003.

[23]徐少锦,陈延斌.中国家训史.西安:陕西人民出版社,2003.

[24]梁文蔷.梁实秋与程季淑:我的父亲母亲.天津:百花文艺出版社,2005.

[25]李圣华.高启诗选.北京:中华书局,2005.

[26]于欣然.中国历代家书精华.北京:中国社会出版社,2005.

[27]傅敏.傅雷家书.天津:天津社会科学出版社,2006.

[28]曹顺庆.中华文化.上海:复旦大学出版社,2006.

[29]包东波.中国历代名人家训精粹.合肥:安徽文艺出版社,2010.

[30]谭家健.六朝文章新论.北京:北京燕山出版社,2001.

[31]朱翔飞.孝里有道.北京:中华书局,2011.

[32]李志敏.曾国藩教子书(上、下).北京:北京联合出版公司,2011.

[33]《线装经典》编委会.中华处世绝学.昆明:云南教育出版社,2011.

[34]王若.中国古代家训.沈阳:辽海出版社,2012.

[35]朱明勋.中国古代家训经典导读.北京:中国书籍出版社,2012.

[36]马誉国,马吉照.父母课:我国传统家庭教育经典译注大全.合肥:安徽人民出版社,2013.

[37]张宏杰,吴久民.曾国藩读书与做人.北京:国际文化出版公司,2013.

[38]潘艳红.梁启超谈教育.北京:新世界出版社,2014.

[39]钱经纬.《了凡四训》本义直解.苏州:古吴轩出版社,2015.

[40]丁振宇.中华名人家书.北京:北京工业大学出版社,2015.

三、期刊

[1]谭邦和.中国书信体文学史论略.荆州师范学院学报(社会科学版),1999(4).

[2]刘剑康.论中国家训的起源——兼论儒学与传统家训的关系.求索,2000(2).

[3]林庆.家训的起源和功能——兼论家训对中国传统政治文化的影响.云南民族大学学报(哲学社会科学版),2004(3).

[4]房立.谈儒家修身教育.山东教育(中学刊),2005(11).

[5]吴洋飞.《资敬堂家训》与王师晋治家之道.西安航空学院学报,2013(2).

[6]周春辉.论家风的文化传承与历史嬗变.中州学刊,2014(8).

[7]张琳,陈延斌.传承优秀家风:涵育社会主义核心价值观的有效路径探索.探索,2016(1).

[8]徐莉,夏莹.传统家训文化的现代思想教育价值.高校辅导员学刊,2016(2).

后　　记

习近平总书记说："不论时代发生多大变化，不论生活格局发生多大变化，我们都要重视家庭建设，注重家庭、注重家教、注重家风。"纵观五千年的中国文明史，中国社会历经发展变迁，时至今日，中国正经历前所未有的大变革，但是中国文化的核心精神没有变化，在中国人的内心深处，抹不去的是对家的认同和依恋。家庭，是社会的细胞，家庭和谐是社会和谐的根本，所以我们必须注重家庭；家教是家庭和谐的重要途径，所以我们必须注重家教；家风是维系一个家庭乃至家族长盛不衰的载体，所以我们要注重家风。孔子认为，搞好家庭建设"是亦为政"，不必非要在国家机关工作才是为政。我们每一个人都有责任为国家的文明、富强、繁荣而努力，但前提是每个人都经营好自己的家。因此，挖掘、整理、弘扬优秀的传统家文化很有必要。

十九大以来，河北省传统文化教育学会培训中心副主任马晓娟、副主任霍贵高及其科研团队，致力于传统家文化研究。他们坚持以十九大精神和习近平总书记讲话精神为指导，以传承优秀传统文化为已任，不忘本来；结合西方教育学、心理学研究成果，吸收外来；本着古为今用、西为中用的原则，为家庭幸福和谐、社会幸福和谐而努力，所有的工作都在面向美好未来，做出了可喜的成绩。

本书从家风、家书、家训三个角度着手，系统梳理了家风的由来、形成和建设的途径与方法；勾勒了历代家书的全貌；分析了历代名贤家训的内容，为当代人们认识历史上的家文化，乃至于修身齐家提供了一个很好的读本。

当然，本书也有一些问题没有得到圆满解决，比如家风、家书、家训在内涵方面的重叠，对于家训精髓的梳理，对优秀文化与封建糟粕的辨析，结合中国当下的国情对家庭建设的建议，等等。传统家文化博大精深，需要挖掘的东西还有很多，培训中心家文化科研团队任重而道远，还需要继续努力。

霍贵高

2019 年 9 月 21 日